A ciência tem todas as respostas?

O passado ainda existe

Como tudo começou

Existem cópias nossas por aí

O universo foi feito para os humanos

... e outras questões intrigantes

Proibida a reprodução total ou parcial em qualquer mídia
sem a autorização escrita da editora.
Os infratores estão sujeitos às penas da lei.

A Editora não é responsável pelo conteúdo deste livro.
A Autora conhece os fatos narrados, pelos quais é responsável,
assim como se responsabiliza pelos juízos emitidos.

Consulte nosso catálogo completo e últimos lançamentos em **www.editoracontexto.com.br**.

Sabine Hossenfelder

A ciência tem todas as respostas?

O passado ainda existe
Como tudo começou
Existem cópias nossas por aí
O universo foi feito para os humanos

... e outras
questões intrigantes

Tradução
Peter Schulz

editora**contexto**

Copyright © 2022 by Sabine Hossenfelder.
Todos os direitos reservados

Direitos para publicação no Brasil adquiridos pela
Editora Contexto (Editora Pinsky Ltda.)

Capa e diagramação
Gustavo S. Vilas Boas

Coordenação de textos
Luciana Pinsky

Preparação de textos
Marcelo Barbão

Revisão
Lilian Aquino

Dados Internacionais de Catalogação na Publicação (CIP)

Hossenfelder, Sabine
A ciência tem todas as respostas? : O passado ainda existe?
Como tudo começou? Existem cópias nossas por aí?
O universo foi feito para os humanos?
... e outras questões intrigantes / Sabine Hossenfelder ;
tradução de Peter Schulz. – São Paulo : Contexto, 2023.
256 p.

ISBN 978-65-5541-380-9
Título original: Existential physics: a scientist's guide to life's
biggest questions

1. Física – Filosofia 2. Cosmologia 3. Física quântica
I. Título II. Schulz, Peter

23-5620   CDD 530.01

Angélica Ilacqua – Bibliotecária – CRB-8/7057

Índice para catálogo sistemático:
1. Física – Filosofia

2023

Editora Contexto
Diretor editorial: *Jaime Pinsky*

Rua Dr. José Elias, 520 – Alto da Lapa
05083-030 – São Paulo – SP
PABX: (11) 3832 5838
contato@editoracontexto.com.br
www.editoracontexto.com.br

"É muito melhor entender o universo como ele realmente é em vez de persistir em ilusões, por mais gratificantes e reconfortantes que estas possam parecer."

Carl Sagan
O mundo assombrado pelos demônios

Para Stefan

Sumário

Prefácio	9
Um aviso	13
O PASSADO AINDA EXISTE?	15
COMO COMEÇOU O UNIVERSO? COMO ELE VAI ACABAR?	39

OUTROS OLHARES 1
A matemática é mesmo tudo que existe? 59
Uma entrevista com *Tim Palmer*

POR QUE NINGUÉM NUNCA FICA MAIS JOVEM?	65
SOMOS APENAS SACOLAS CHEIAS DE ÁTOMOS?	93

OUTROS OLHARES 2
O conhecimento é previsível? 109
Uma entrevista com *David Deutsch*

EXISTEM CÓPIAS DE NÓS MESMOS?	119

A FÍSICA DESCARTOU O LIVRE-ARBÍTRIO? 139

OUTROS OLHARES 3
A consciência pode ser computada? 157
Uma entrevista com *Roger Penrose*

O UNIVERSO FOI FEITO PARA NÓS? 163

O UNIVERSO PENSA? 181

OUTROS OLHARES 4
Podemos criar um universo? 204
Uma entrevista com *Zeeya Merali*

OS HUMANOS SÃO PREVISÍVEIS? 211

EPÍLOGO 229

Glossário 237
Notas 241
Agradecimentos 251
A autora 253
O tradutor 255

Prefácio

"Posso perguntar uma coisa?", perguntou um homem, quando soube que eu era física. "É sobre mecânica quântica", acrescentou timidamente. Eu estava a ponto de debater o postulado da medida e as armadilhas do emaranhamento entre múltiplas partículas, mas não estava preparada para a pergunta que ele fez: "Um xamã me disse que a minha avó ainda está viva. Por causa da mecânica quântica. Ela só não está viva aqui e agora. Isso é certo?".

Como você pode ver, ainda estou pensando sobre isso. Uma resposta rápida seria que isso não está totalmente errado. A resposta longa aparecerá no capítulo "O passado ainda existe?", mas antes de entrar na mecânica quântica de avós falecidas, quero contar por que estou escrevendo este livro.

Desde que comecei a trabalhar com divulgação científica, há mais de uma década, notei que físicos são realmente bons em responder perguntas, mas muito ruins para explicar por que as pessoas deveriam se importar com suas respostas. Em algumas áreas de pesquisa, o propósito de um estudo é evidente: o de chegar a um produto comercializável no final. No entanto, nos fundamentos da física, área em que concentro meu trabalho, o principal produto é o conhecimento. Nós, eu e meus colegas, muito frequentemente apresentamos esse conhecimento de uma maneira tão abstrata que ninguém entende por que afinal de contas pesquisamos isso.

Não que isso seja exclusivo da física. A desconexão entre especialistas e não especialistas é tão disseminada que o sociólogo Steve Fuller afirma que acadêmicos usam uma terminologia incompreensível para manter os *insights* escassos e por isso mais valiosos. É como se queixou o jornalista americano e vencedor do prêmio Pulitzer, Nicholas Kristof: acadêmicos codificam "conhecimento em uma prosa empolada"[1] e "esse jargão se esconde às vezes em periódicos obscuros como uma dupla proteção contra o consumo público".

O caso aqui é que o público não liga muito se a mecânica quântica é previsível, ele quer saber se seu próprio comportamento é previsível. Ele não se importa muito se os buracos negros destroem informação, ele quer saber o que acontecerá com a informação coletada pela humanidade. Tampouco se importa muito se os filamentos galácticos se assemelham às redes de neurônios, ele quer saber se o universo pode pensar. O público é o público, quem diria, não?

É claro que eu também quero saber essas coisas. Ao longo da minha trajetória acadêmica, no entanto, aprendi a evitar essas questões, que dirá respondê-las. Afinal, eu sou apenas uma física e não sou competente para falar sobre a consciência e comportamento humanos, entre outras coisas.

Mesmo assim, a pergunta do jovem me lembrou que físicos conhecem *sim* algumas coisas, talvez não sobre a consciência em si, mas sobre as leis da física, que tudo no universo, incluindo a minha e a sua avó, precisam respeitar. Nem todas as ideias sobre a vida e morte e a origem da existência humana são compatíveis com os fundamentos da física. Esse é o conhecimento que não deveríamos esconder em periódicos obscuros usando uma prosa incompreensível.

Sim, vale a pena compartilhar esse conhecimento, mas não é apenas isso. Mantê-los para nós mesmos, os acadêmicos, traz consequências. Se os físicos não se adiantam para explicar o que eles têm a dizer sobre a condição humana, outros agarrarão a oportunidade e abusarão da nossa terminologia enigmática para promover pseudociência. Não é mera coincidência que o emaranhamento quântico e a energia do vácuo são as explanações favoritas de terapeutas alternativos, mídias espirituais e vendedores de óleo de cobra. A não ser que você tenha um doutorado, é difícil diferenciar nosso blábláblá dos outros.

Prefácio

Minha intenção aqui, no entanto, não é apenas a de expor a pseudociência pelo que ela é. Também quero mostrar que algumas ideias espirituais são perfeitamente compatíveis com a física moderna, sendo que outras são até amparadas por ela. E por que não? Não é tão surpreendente que os físicos tenham algo a dizer sobre nossa conexão com o universo. Ciência e religião têm as mesmas raízes e, ainda hoje em dia, enfrentam algumas questões semelhantes: de onde viemos? Para onde vamos? O quanto podemos conhecer?

Os físicos aprenderam muito no século passado sobre essas questões. O progresso deles deixa claro que os limites da ciência não são fixos. Os limites se movem à medida que aprendemos mais sobre o nosso mundo. Ao mesmo tempo, sabemos hoje em dia que algumas explicações baseadas em crenças, que já ajudaram a dar sentido às coisas e deram algum conforto, estão erradas. A ideia, por exemplo, de que certos objetos estão vivos porque conteriam uma substância especial (o "élan vital" de Henri Bergson) era inteiramente compatível com os fatos científicos de duzentos anos atrás. Mas não é mais assim.

Nos fundamentos da física atuais lidamos com as leis da natureza que operam no nível mais fundamental. Nesse caso também, o conhecimento adquirido nos últimos 100 anos está substituindo antigas explicações baseadas em crenças. Uma dessas explicações antigas dizia que a consciência requer algo mais do que a interação entre muitas partículas, basicamente algum tipo de pó mágico, que dota certos objetos com propriedades especiais. Da mesma forma que o élan vital, essa é uma ideia ultrapassada e inútil, que não explica nada. Eu vou focar nisso no capítulo "Somos apenas sacolas cheias de átomos?" e no capítulo "A física descartou o livre-arbítrio?" discutirei as consequências que isso traz para a existência do livre-arbítrio. A crença de que o universo é adaptado especialmente para a presença da vida é outra ideia pronta para a aposentadoria, como vou apresentar no capítulo "O universo foi feito para nós?".

No entanto, a demarcação dos limites atuais da ciência não apenas destrói ilusões, como também nos ajuda a reconhecer quais crenças ainda são compatíveis com os fatos científicos. Tais crenças talvez não devessem ser chamadas de não científicas, melhor seria chamá-las de acientíficas, como Tim Palmer (de quem falarei mais para frente) observou adequadamente: a ciência nada diz sobre elas. Uma dessas crenças é sobre a origem do universo. Não só não sabemos explicá-la hoje em dia, como também é questionável se algum dia seremos capazes de fazê-lo. É possivelmente um dos caminhos pelos quais a ciência é fundamentalmente limitada. Pelo menos é nisso que acredito hoje em dia. A ideia de que o universo em si é consciente, para minha surpresa, é difícil de ser descartada completamente (capítulo "O universo pensa?"). E os jurados ainda confabulam se o comportamento humano é previsível ou não (capítulo "Os humanos são previsíveis?").

Este livro trata, em resumo, das grandes questões que a física moderna levanta: se o presente momento difere do passado; a ideia de que cada partícula elementar poderia conter um universo; se as leis da natureza determinam as nossas decisões. Eu não posso, obviamente, oferecer respostas definitivas. Mas quero contar a você o quanto os cientistas sabem hoje em dia e onde a ciência só especula.

Na maior parte das vezes, vou me ater a teorias estabelecidas da natureza, que são apoiadas pelas evidências. Dessa forma, tudo o que eu vou dizer deveria vir com o preâmbulo "na medida do que conhecemos atualmente", o que significa que o progresso científico no futuro pode levar a uma revisão das ideias. Em alguns casos a resposta a uma pergunta depende de propriedades das leis da natureza que não entendemos ainda de maneira fundamental, tais como as medidas quânticas ou a natureza das singularidades do espaço-tempo. Nesses casos apontarei como pesquisas futuras poderiam ajudar a responder as perguntas. Não quero também que você leia apenas as minhas opiniões, por isso adicionei algumas entrevistas. No final do livro, você também encontrará um breve glossário com definições dos termos técnicos mais importantes. Esses termos estão marcados em negrito quando aparecem pela primeira vez.

A ciência tem todas as respostas? é para quem não se esqueceu de formular as grandes questões e não tem medo das respostas.

Um aviso

Eu quero que você saiba em que está se metendo, por isso vou colocar as minhas cartas na mesa. Sou agnóstica e pagã. Nunca fiz parte de uma religião organizada e nem senti o desejo de me associar a uma. Mesmo assim, não me oponho a crenças religiosas. A ciência tem limites e, ainda assim, a humanidade sempre procurou significados além desses limites. Alguns fazem isso estudando as sagradas escrituras, outros meditam, outros ainda se aprofundam na filosofia, uns tantos fumam coisas curiosas. Isso tudo, realmente, não me importa, desde que – e esse é o ponto crucial – sua busca por significados respeite os fatos científicos.

Caso sua crença esteja em conflito com o conhecimento confirmado empiricamente, você não está buscando explicações, mas indo atrás de ilusões. Talvez você prefira se apegar às suas ilusões. Acredite em mim, sou simpática a essa posição, mas, nesse caso, este livro não é para você. Nos capítulos a seguir, falaremos sobre livre-arbítrio, vida após a morte e a verdadeira busca pelo sentido das coisas. Isso não será sempre fácil. Eu mesma lutei com algumas das consequências daquilo que sei que são as leis naturais bem estabelecidas e suspeito que o mesmo acontecerá com muitos leitores.

Você talvez ache que estou exagerando na tentativa de fazer uma física árdua soar excitante. Veja bem, nós sabemos que eu quero que este livro seja vendido, então para que fingir o contrário? No entanto, eu escrevo este aviso porque me preocupo sinceramente que esta obra possa afetar negativamente a saúde mental de alguns leitores. Algumas pessoas entram em contato ocasionalmente dizendo que se depararam com algum dos meus artigos e agora não sabem como seguir com suas vidas. Elas parecem genuinamente perturbadas. Qual é o sentido da vida sem livre-arbítrio? Qual é a razão da existência humana se ela é apenas um acaso aleatório? Como não surtar sabendo que o universo pode desaparecer a qualquer momento?

Realmente, alguns fatos científicos são difíceis de engolir e, pior ainda, não há psicólogo em condições de ajudar nisso. Eu sei disso porque já tentei. Mas espere um pouco. Se você pensar bem, a ciência oferece mais do que nos toma. No final, eu espero que você se tranquilize ao saber que não precisará deixar de lado o pensamento racional para abrir espaço para a esperança, a crença e a fé.

O PASSADO AINDA EXISTE?

AGORA E NUNCA

Tempo é dinheiro. Ele também está se esgotando, a não ser que esteja a seu favor. O tempo voa. O tempo acabou. Nós falamos sobre o tempo... o tempo todo. E, mesmo assim, o tempo continua sendo uma das propriedades da natureza mais difíceis de compreender.

Não ajudou em nada que Albert Einstein tenha tornado isso uma questão pessoal. Antes de Einstein, o tempo passava do mesmo modo para todo mundo. Depois de Einstein, nós sabemos que a passagem do tempo depende do quanto a gente se movimenta por aí. Enquanto o valor numérico que indicamos para cada momento – digamos 14h14 – é uma questão de convenção e precisão de medida,

nos tempos antes de Einstein, acreditávamos que o *seu* agora era o mesmo que o *meu* agora. Era um agora universal, um tique-taque cósmico de um relógio invisível, que marcava o momento presente como algo especial. Desde Einstein, *agora* é meramente uma palavra conveniente, que usamos para descrever nossa experiência. O momento presente não tem mais um significado fundamental porque, segundo Einstein, o passado e o futuro são tão reais quanto o presente.

Isso não corresponde à minha experiência cotidiana e nem à sua provavelmente. Mas a experiência humana não é um bom guia para as leis fundamentais da natureza. Nossa percepção do tempo é moldada por ritmos circadianos e a habilidade de nosso cérebro de armazenar e acessar memórias. Podemos argumentar que esta habilidade é boa para um monte de coisas, mas para desembaraçar a física da nossa percepção do tempo é melhor dar uma olhada em sistemas simples; como, por exemplo, pêndulos oscilando, planetas orbitando ou a luz que chega de estrelas distantes. É observando esses sistemas simples que podemos inferir com segurança a natureza física do tempo sem ficarmos atolados pelas tantas interpretações imprecisas, que nossos sentidos adicionam à física.

Observações valiosas durante cem anos confirmaram que o tempo tem as propriedades que Einstein conjecturou no começo do século XX. De acordo com Einstein, o tempo é uma dimensão que se junta às três dimensões espaciais em uma entidade comum: o espaço-tempo quadridimensional. A ideia de combinar espaço e tempo em um espaço-tempo remonta ao matemático Hermann Minkovski, mas foi Einstein quem percebeu plenamente suas consequências físicas, que são resumidas na sua teoria da relatividade especial, também chamada de restrita.

A palavra *relatividade* no nome da teoria significa que não há repouso absoluto: você só pode estar em repouso em relação a alguma coisa. Por exemplo, você provavelmente está em repouso relativo a este livro, que não está se afastando ou se aproximando dos seus olhos. No entanto, ao jogar o livro em um canto do quarto, existem duas maneiras para descrever a situação. Na primeira, o livro se move a uma dada velocidade relativa a você e ao restante do planeta Terra. Ou então, uma segunda maneira, você e o restante da Terra movem-se relativamente ao livro. De acordo com Einstein, as duas maneiras são equivalentes para descrever a física envolvida e devem prever o mesmo resultado. É isso que significa a palavra *relatividade*. O *especial* (ou *restrita*) diz somente que a teoria não inclui a gravidade. A gravidade só foi incluída mais tarde na teoria da **relatividade geral** de Einstein.

A ideia de que deveríamos ser capazes de descrever fenômenos físicos da mesma forma, independentemente de como nos movemos no espaço-tempo quadrimensional de Einstein, soa um tanto inócua, mas ela abriga consequências contraintuitivas que mudaram totalmente nossa concepção do tempo.

★ ★ ★

No nosso espaço usual com três dimensões, podemos assinalar coordenadas a qualquer local usando três números. Poderíamos, por exemplo, usar a distância à porta da sua casa nas direções norte-sul, leste-oeste e acima-abaixo. Se o tempo é também uma dimensão, nós simplesmente adicionamos uma quarta coordenada, digamos o tempo que se passou na porta desde as 7h. Com isso nós chamamos este conjunto completo de coordenadas de *evento*. Por exemplo, o evento no espaço-tempo a 3 metros a leste, 12 metros ao norte, 3 metros para cima e 10h poderia ser sua cozinha às 17h.

Esta escolha de coordenadas é arbitrária. Existem muitas maneiras diferentes de marcar coordenadas no espaço-tempo e Einstein disse que essas marcações não deveriam importar. O tempo que de fato passa para um dado objeto não pode depender das coordenadas que escolhemos. E ele mostrou que essa invariante, o tempo interno – chamado de *tempo próprio* pelos físicos – é o comprimento de uma curva no espaço-tempo.

Imagine que você vai viajar de carro de São Paulo a Fortaleza. O que interessa para você não é a distância em linha reta entre as cidades, cerca de 2.400 km, mas sim a distância pelas estradas, que é cerca de 2.950 km. Isso é similar no espaço-tempo. O que importa é o comprimento da viagem e não a distância entra as coordenadas. No entanto, há uma diferença importante: no espaço-tempo, quanto mais longa a curva entre dois eventos, menor é o tempo que se passa nela.

Como é que você torna a curva entre dois eventos no espaço-tempo mais longa? A resposta é: mudando sua velocidade. Quanto mais você acelera, mais devagar passa o seu tempo próprio. Esse fenômeno é chamado de *dilatação do tempo*. E sim, em princípio, isso significa que se você correr em círculos,[2] você envelhecerá mais lentamente. No entanto, é um efeito muito pequeno, é impossível recomendá-lo como uma estratégia para prevenir o envelhecimento. Falando nisso, essa também é a razão por que o tempo passa mais devagar perto de um buraco negro do que longe dele. Isso se deve, segundo o princípio de equivalência de Einstein, ao fato de que um campo gravitacional intenso tem o mesmo efeito de uma aceleração rápida.

O que isso significa? Imagine que eu tenha dois relógios idênticos e lhe dou um e você segue o seu caminho e eu o meu. Nos tempos pré-Einstein, pensaríamos que, seja lá quando nos reencontrarmos, os relógios mostrariam exatamente a mesma hora – isso é o que quer dizer o tempo ser um parâmetro universal. Mas pós-Einstein sabemos que isso não é correto. Quanto tempo passa no seu relógio depende do quanto e com que rapidez você se move.

Como podemos saber que isso é correto? Bem, nós podemos medir esse efeito. Entrar nos detalhes sobre quais observações confirmaram as teorias de Einstein nos afastaria muito do assunto aqui,[3] mas eu deixo recomendações de leitura sobre isso nas notas ao final do livro. Para seguir em frente, vou resumir tudo dizendo que a hipótese de que a passagem do tempo depende de como você se move é respaldada por um grande e consistente conjunto de evidências.

Eu falei de relógios como mera ilustração, pois o fato de que a aceleração desacelera o tempo não tem nada a ver com os aparelhos que chamamos de relógios. Esse efeito acontece para qualquer objeto. Sejam ciclos de combustão nos motores, decaimento nuclear, areia caindo em uma ampulheta ou batimentos cardíacos, cada processo tem sua própria e individual passagem de tempo. No entanto, as diferenças entre esses tempos individuais são normalmente minúsculas e por isso não as notamos na vida cotidiana. As diferenças, por outro lado, tornam-se perceptíveis quando acompanhamos o tempo com grande precisão, o que fazemos, por exemplo, em satélites que fazem parte do sistema de posicionamento global (GPS).

O GPS, que seu telefone celular certamente utiliza, permite a um receptor – como o seu aparelho – calcular sua posição a partir de sinais de diferentes satélites que orbitam a Terra. Como o tempo não é universal, ele passa nos satélites de forma sutilmente diferente do que na Terra. Isso devido a duas razões: seus movimentos em relação à superfície da Terra e o campo gravitacional menos intenso que eles experimentam nas suas órbitas. O software do seu celular precisa levar tudo isso em conta para dar corretamente sua localização, porque essas diferenças na passagem do tempo distorcem – ainda que ligeiramente – os sinais. É um efeito pequeno, mas não é filosofia, é realidade física.

★ ★ ★

O fato de que a passagem do tempo não é universal já dá um nó na cabeça, mas tem mais ainda. Como a velocidade da luz é finita, ainda que muito rápida, demora um tempo para que ela nos alcance. Por isso, estritamente falando, nós sempre vemos as coisas como eram um pouco antes. No entanto, mais uma vez, nós não nos damos conta disso na vida cotidiana. A luz viaja tão rapidamente que isso não importa nas distâncias curtas aqui na Terra. Por exemplo, se você olha para o alto e observa as nuvens, você as vê como eram realmente um milionésimo de segundo atrás. Isso, de fato, não faz a menor diferença, não é? Nós vemos o Sol como era há oito minutos, mas dado que o Sol normalmente não se modifica muito em poucos minutos, o tempo de viagem da luz não faz muita diferença. Ao olhar a Estrela de Magalhães, que é a mais brilhante da constelação do Cruzeiro do Sul, você vê como ela era há 320 anos. Mas sim, você diria: e daí?

É tentador atribuir a essa diferença de tempo, entre o momento que alguma coisa acontece e a nossa observação disso, a uma limitação da percepção. Mas, na verdade, isso traz consequências profundas. Novamente: a questão é que a passagem do tempo não é universal. Se nos perguntarmos o que aconteceu "ao mesmo tempo" em algum outro lugar – por exemplo, o que estávamos fazendo quando o Sol emitiu a luz que vemos agora – não existe uma resposta que faça sentido para essa pergunta.

Esse problema é conhecido como a *relatividade da simultaneidade*, que foi bem ilustrada pelo próprio Einstein. Ver alguns desenhos do espaço-tempo ajuda a entender isso. É difícil desenhar quatro dimensões, assim eu espero que me desculpe por eu usar apenas uma dimensão do espaço e uma outra para o tempo. Caso um objeto não se mova em relação ao sistema de coordenadas escolhido, ele é descrito por uma reta vertical no diagrama (Figura 1). Essas coordenadas também são chamadas de *referencial de repouso* do objeto. Um objeto se movendo com uma velocidade constante é descrito por uma reta inclinada de um certo ângulo. Por convenção, os físicos usam um ângulo de 45 graus para a velocidade da luz. A velocidade da luz é a mesma para todos os observadores e, por isso, não pode ser ultrapassada e objetos físicos devem se mover em linhas com inclinação menor do que 45 graus (em relação à reta vertical do que não se move).

Figura 1
Como o espaço-tempo funciona.

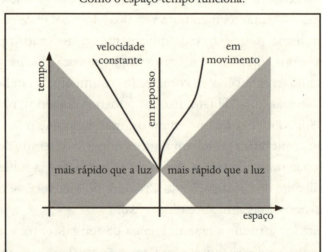

Einstein então argumentou dessa forma. Digamos que você queira construir uma noção de simultaneidade usando pulsos de um raio laser que incidem sobre espelhos que estejam parados em relação a você.[4] Você envia um pulso para a direita e outro para a esquerda e muda sua posição entre os espelhos até que os pulsos voltem para você no mesmo instante (Figura 2a). Assim você saberá que está exatamente no meio e os raios lasers atingem ambos os espelhos ao mesmo tempo.

Figura 2
Diagramas de espaço-tempo para a construção de eventos simultâneos.
No alto, à esquerda (a): você e seu referencial de repouso
com coordenadas legendadas como espaço e tempo.
No alto, à direita (b): Ana no seu referencial de repouso.
Embaixo, à esquerda (c): Ana no referencial de repouso dela
com as coordenadas legendadas como espaço e tempo.
Embaixo, à direita (d): você no referencial de repouso de Ana.

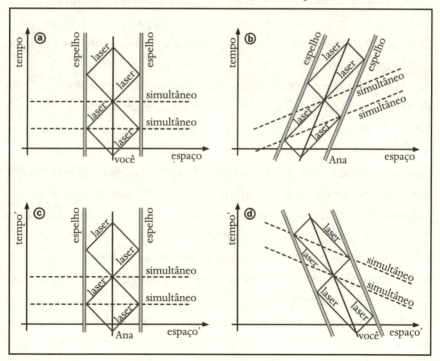

Uma vez feito isso, você sabe o momento exato, no seu próprio tempo, em que o pulso de laser vai atingir ambos os espelhos, mesmo que não possa ver isso, pois a luz desses eventos ainda não chegou de volta a você. Ao olhar o seu relógio, poderia dizer "agora!". Desse modo, uma noção de simultaneidade foi construída, a qual, em princípio, poderia se estender para todo o universo. Na prática você não teria a paciência para esperar 10 bilhões de anos para que o pulso retornasse, mas isso é, para todos os efeitos, física teórica.

Agora imagine que sua amiga Ana se move relativamente a você e tenta também fazer a mesma coisa (Figura 2b). Digamos que ela se mova da esquerda para a direita. Ana também usa dois espelhos, um à direita e outro à esquerda dela, ambos movimentando-se junto com ela com a mesma velocidade. Ou seja, os espelhos estão em repouso em relação a Ana, assim como os seus espelhos relativamente a você. Como você, Ana envia pulsos de laser nos dois sentidos e se posiciona de modo que os pulsos voltem dos dois lados no mesmo instante. Exatamente como você, ela agora sabe que os pulsos atingem os espelhos no mesmo instante e pode calcular a que momento isso corresponde no relógio dela.

O problema é que ela obtém um resultado diferente do seu. Dois eventos, que Ana pensa que acontecem ao mesmo tempo, não passam no mesmo instante para você. Isso acontece porque da sua perspectiva a luz está se movimentando em direção a um dos espelhos e se afastando do outro. Para você, parece que o tempo que leva para o pulso chegar ao espelho à esquerda de Ana é menor do que o tempo para alcançar o espelho que está à direita dela. É justamente o que Ana não percebe, porque no retorno dos pulsos dos espelhos, o contrário ocorre. O pulso refletido pelo espelho à esquerda de Ana leva mais tempo para alcançá-la, enquanto o pulso refletido pelo espelho à direita chega mais rápido.

É possível argumentar que Ana está cometendo um erro, mas, de acordo com ela, não, pois, para ela, é *você* que está errado, posto que é quem está se movendo. Ela diria que na verdade *seus* pulsos de laser não atingem seus espelhos ao mesmo tempo (Figuras 2c e 2d).

O passado ainda existe?

Quem está certo? Nenhum dos dois. Esse exemplo mostra que na relatividade restrita a afirmação de que dois eventos ocorreram ao mesmo tempo não faz sentido.

É importante realçar que esse argumento funciona apenas porque a luz não necessita de um meio para viajar e que sua velocidade (no vácuo) é a mesma para todos os observadores. Esse argumento não funciona com ondas sonoras, por exemplo (ou qualquer outro sinal que não seja a luz no vácuo), porque nesse caso a velocidade do sinal realmente não é a mesma para todos os observadores. Essa velocidade (do som) vai, em vez disso, depender do meio em que se propaga. Assim, no caso do som, um de vocês estaria objetivamente correto e o outro errado. Que a sua noção do agora pode não ser a mesma que a minha é uma sacada que devemos a Albert Einstein.

* * *

Nós acabamos de estabelecer que dois observadores, que se movem relativamente entre si, não concordam sobre o que significa dois eventos ocorrerem ao mesmo tempo. Isso não é apenas bizarro, mas corrói totalmente nossa noção intuitiva da realidade.

Para ver isso melhor, suponhamos dois eventos que não têm ligação causal entre eles. Isso significa que não se pode enviar um sinal de um para o outro, nem mesmo à velocidade da luz. Em um gráfico como o da Figura 2, o "não tem ligação causal" significa apenas que a linha reta passando pelos dois eventos faz um ângulo menor do que 45 graus com o eixo horizontal. Mas vejamos a Figura 2b novamente. Para dois eventos sem ligação causal, podemos sempre imaginar um observador para quem quaisquer coisas sobre essa linha são simultâneas. Só precisamos escolher a velocidade do observador para que os pontos de retorno dos pulsos do laser estejam sobre a linha. No entanto, se quaisquer dois pontos que não estão ligados causalmente acontecem ao mesmo tempo para alguém, então todo evento é "agora" para alguém.

23

Para ilustrar este último passo, digamos que um evento é o seu nascimento e o outro evento é uma explosão estelar chamada de supernova (veja a Figura 3). A explosão é causalmente desconectada do seu nascimento, o que significa que a luz da explosão não chegou à Terra na mesma hora do seu nascimento. Imagine então sua amiga Ana, agora uma viajante espacial, observando esses eventos ao mesmo tempo, portanto são simultâneos para ela.

Indo além, vamos supor que, durante seu falecimento a luz da supernova ainda não chegou à Terra. Então seu amigo João poderia encontrar um jeito de viajar para exatamente o meio entre você e a supernova, assim ele veria a sua morte e a supernova ao mesmo tempo. Ambos os eventos ocorreram simultaneamente segundo João. Eu juro que é nisso que dá introduzir amigos imaginários em uma nave espacial.

Figura 3
Quaisquer duplas de eventos causalmente desconectados são simultâneas para alguns observadores. Se todas as experiências dos observadores são igualmente válidas, então todos os eventos existem da mesma maneira, independentemente de quando ou onde ocorram.

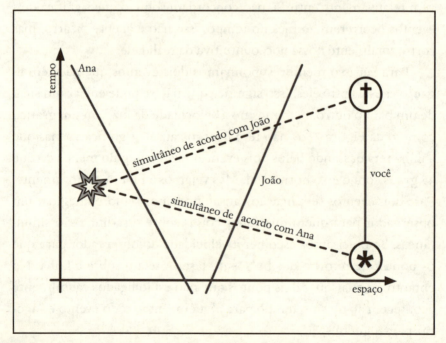

Podemos, agora, juntar tudo o que aprendemos. Acredito que a maioria de nós diria que nuvens existem nesse momento, embora possamos vê-las apenas como eram há uma fração de segundo. Para isso, usamos nossa noção pessoal de simultaneidade, que depende de como nos movemos através do espaço-tempo; isto é, a uma velocidade muito abaixo da velocidade da luz e na superfície do nosso planeta. Assim sendo, todos nós, praticamente, entendemos o mesmo por "agora" e isso, normalmente, não causa nenhuma confusão.

No entanto, todas as noções de "agora" para observadores que se movem por outros lugares e, potencialmente, com velocidades próximas à da luz – como Ana e João – são igualmente válidas e, em princípio, podem se estender por todo o universo. Desse modo, poderia existir um observador para quem seu nascimento e a supernova acontecem simultaneamente e, assim, essa explosão estelar existe no seu nascimento, conforme sua própria noção de existência. Portanto, como poderia existir um outro observador, para quem a explosão ocorre junto com seu falecimento, sua morte existe no momento do seu nascimento.

Podemos levar adiante esse argumento para quaisquer duplas de eventos em qualquer lugar e tempo do universo e chegar à mesma conclusão: a física da relatividade restrita de Einstein não permite que limitemos a existência meramente a um momento que chamamos de "agora". Uma vez que concordarmos que *alguma coisa* exista agora em algum outro lugar, mesmo que só possamos vê-la posteriormente, somos forçados a aceitar que *tudo* no universo existe agora, neste instante.[5]

Essa consequência desconcertante da relatividade restrita foi apelidada pelos físicos de *universo em bloco*. Nesse universo em bloco, o futuro, presente e passado existem igualmente; apenas não os experimentamos da mesma forma. E se todos os tempos existem de maneira similar, todos os nossos "eus" passados estão vivos – assim como nossas avós – da mesma forma que nossos "eus" do presente também estão. Estão todos aí, no nosso espaço-tempo quadrimensional, sempre estiveram e sempre estarão. Podemos resumir tudo nas palavras do comediante britânico John Lloyd:[6] "O tempo é um pouco como uma paisagem. Só porque você não está em Nova York, não quer dizer que ela não esteja lá".

Passou-se mais de um século desde que Einstein levou adiante suas teorias da relatividade restrita e geral. E, no entanto, estamos aqui ainda nos debatendo para entender o que elas realmente significam. Pode parecer maluquice, mas a ideia de que passado e futuro existem da mesma forma que o presente é compatível com o que conhecemos atualmente.

INFORMAÇÃO ETERNA

A noção de que o momento presente não tem uma relevância especial pode ser vista de uma outra maneira. Todas as teorias bem-sucedidas dos **fundamentos da física** requerem dois ingredientes: (1) informação sobre aquilo que queremos descrever em um dado instante de tempo, chamada de **condição inicial** e (2) uma receita, uma **lei de evolução**, com a qual se calcula, a partir do **estado inicial**, o que acontece posteriormente.

Devo advertir que a palavra *evolução* aqui não tem nada a ver com Charles Darwin, significa simplesmente que a lei nos diz como um sistema evoluiu, isto é, muda com o tempo. Por exemplo, se conhecemos a posição e velocidade de um meteorito entrando na atmosfera terrestre (condição inicial), é possível calcular o local do impacto, aplicando a lei de evolução. Como já estamos introduzindo um pouco de terminologia, a expressão técnica para "aquilo que queremos descrever" é *sistema*. É sério, sistema pode ter significados específicos em outras disciplinas, mas entre físicos pode significar tudo ou qualquer coisa. Isso é muito conveniente e, portanto, é assim que vou usar essa palavra.

Quando então queremos fazer uma previsão, tomamos o estado do sistema em um dado instante e usamos a lei de evolução para calcular, a partir desse mesmo instante, o que o sistema fará em algum momento posterior. Podemos, contudo, fazer isso nos dois sentidos do tempo. As leis, como costumamos dizer, apresentam **reversibilidade temporal**. Podemos aplicá-las para frente ou para trás no tempo, como um filme.

Na nossa experiência cotidiana, avançar e recuar no tempo parecem ações muito diferentes. Vemos ovos quebrando, mas não desquebrando, lenha queimando, mas não desqueimando, pessoas envelhecendo, mas não se tornando mais jovens. Eu dediquei todo o capítulo "Por que ninguém nunca fica mais jovem?" para a questão de por que avançar no tempo parece diferente de voltar no tempo. Neste capítulo, no entanto, vou deixar de lado a questão de por que o tempo parece ter um sentido preferencial e me concentrar apenas nas consequências da reversibilidade temporal das leis (físicas).

Reversibilidade temporal não significa que os dois sentidos no tempo parecem a mesma coisa, isso seria o que se chama de *invariância de reversão temporal*. Reversibilidade temporal significa simplesmente que, dada toda a informação em um instante, podemos calcular o que aconteceu em qualquer momento anterior e o que acontecerá em qualquer instante depois disso.

A ideia de que todos os eventos no futuro podem, em princípio, ser calculados a partir de um tempo anterior é chamada de **determinismo**. Antes da descoberta da **mecânica quântica**, as leis da natureza, até então conhecidas, eram determinísticas.[7] Em 1814, o cientista e filósofo francês Pierre-Simon Laplace[8] evocou um ser onisciente ficcional para ilustrar as consequências disso.

> Devemos então considerar o presente estado do universo como o efeito de seu estado anterior e a causa do estado que seguirá. Considerando, por um instante, uma inteligência que compreenda todas as forças pelas quais a natureza é animada, bem como a situação correspondente dos seres que a compõe – uma inteligência suficientemente vasta para submeter todos esses dados para análise –, ela abarcaria, numa mesma fórmula, os movimentos dos maiores corpos do universo e, também, aqueles do mais leve dos átomos. Portanto, nada seria incerto e o futuro, assim como o passado, estaria presente aos seus olhos.

A ciência tem todas as respostas?

Esse ser onisciente, o *demônio de Laplace*, é um ideal. Na prática, é claro, ninguém tem toda a informação necessária para prever o futuro com exatidão – nós não somos oniscientes. Eu, no entanto, não estou preocupada com qual cálculo pode ser feito na prática, quero é dar uma olhada no que as leis fundamentais e suas propriedades nos dizem sobre a essência da realidade.

Portanto, uma lei reversível no tempo é também determinística, mas o contrário não é necessariamente verdade. Imaginem um *videogame* que não pode ser vencido. Podemos ver gravações de jogadores em ação, mas que no fim sempre perdem o jogo. Inevitavelmente, as gravações sempre terminarão com a mesma tela anunciando GAME OVER. Isso significa que, se olharmos somente para a tela final, não podemos dizer nada sobre o que aconteceu antes. O resultado é determinado, mas não reversível no tempo. Uma lei que apresenta reversão temporal, em contrapartida, provê uma única relação entre dois instantes de tempo. Isso significaria, no exemplo do *videogame*, que a tela conteria detalhes suficientes para que pudéssemos descobrir exatamente quais movimentos levaram àquele resultado.

As leis fundamentais da natureza conhecidas atualmente são tanto determinísticas quanto exibem reversão temporal, com exceção de dois processos que discutirei na próxima seção. O fato de o futuro ser definido pelo presente parece limitar severamente nossa capacidade de tomar decisões. Nós iremos falar sobre o que isso significa para o livre-arbítrio no capítulo "A física descartou o livre-arbítrio?". Por enquanto, quero focar no lado positivo da reversibilidade temporal, que é o fato de o universo manter um registro fidedigno das informações sobre tudo que já dissemos, pensamos e fizemos.

Eu uso a palavra *informação* de maneira um tanto vaga para me referir a todos os números que precisamos colocar na lei de evolução para poder prever alguma coisa com isso. Informação, portanto, é meramente o conjunto de detalhes que precisamos para especificar o estado inicial do sistema em um instante de tempo particular. Em diferentes áreas da física, a informação tem propriedades que vão além disso, mas aqui usarei do jeito que defini.

O passado ainda existe?

A lei de evolução mapeia a transição de um estado inicial, em algum momento dado, para outro estado, em um instante de tempo qualquer. Ou seja, ela diz apenas como a matéria no universo se reconfigura no espaço-tempo. Começando com partículas em um certo arranjo, aplicamos a equação a ele e conseguimos um outro arranjo. A informação nesses arranjos é totalmente mantida. Para recuperar o estado anterior, tudo o que precisamos fazer é aplicar a mesma lei de evolução reversivamente. Na prática, isso não é possível, mas, em princípio, a informação – incluindo todo e qualquer detalhe mínimo sobre nossa identidade – não pode ser destruída.

★ ★ ★

Vamos falar então sobre as duas exceções de reversibilidade temporal: a medição na mecânica quântica e a evaporação de buracos negros.

A mecânica quântica tem uma lei de evolução, que exibe reversibilidade temporal (a equação de Schrödinger), para um objeto matemático chamado *função de onda*. A função de onda é normalmente representada por Ψ (a letra grega psi maiúscula) e descreve o que quer que seja que queiramos observar (o tal "sistema" novamente). Dessa função de onda, calculamos probabilidades para os resultados de medidas, mas ela em si não é observável.

Para ver como isso funciona, consideremos o seguinte exemplo. Vamos supor que usamos a mecânica quântica para calcular a probabilidade de uma partícula ser medida em um lugar particular. Para detectar a partícula, usamos uma tela luminosa, que emite um clarão no lugar onde a partícula a atingiu. Digamos que nosso cálculo prevê que existe uma chance de 50% de encontrá-la no lado esquerdo da tela e 50% de que termine no lado direito. De acordo com a mecânica quântica, essa previsão probabilística é tudo que pode ser feito. É probabilístico não porque nos falta alguma informação, mas sim porque não há mais informação do que isso. A função de onda é a descrição total da partícula, é o que significa dizer que a teoria é fundamental.

No entanto, no momento em que de fato medimos a partícula, sabemos com certeza se ela foi para um lado da tela ou para o outro. Isso significa que temos que atualizar a função de onda de 50:50 para 100:0 ou 0:100, dependendo do lado em que a partícula foi parar. Essa atualização é chamada também algumas vezes de *redução* ou *colapso* da função de onda. Eu considero a palavra *colapso* falaciosa, pois sugere um processo físico que a mecânica quântica não controlaria. Por isso, fico com *atualização* ou *redução*. Sem a atualização, a mecânica quântica simplesmente não descreveria o que observamos.

"Mas o que é uma medida?", você poderia perguntar. Sim, de fato, boa pergunta. Isso certamente importunou muito os físicos nos primórdios da mecânica quântica. Por ora, felizmente, a questão foi respondida em grande parte. Uma medida é qualquer interação suficientemente forte ou frequente para destruir o comportamento quântico do sistema. Somente o que destrói o comportamento quântico pode ser (e, para muitos exemplos, já o foi) calculado.

Mais importante ainda, esses cálculos mostram que a medida em mecânica quântica não precisa de um observador consciente. De fato, nem precisa de um aparelho de medida. Até mesmo mínimas interações com moléculas de ar ou luz podem destruir efeitos quânticos, de modo que precisamos atualizar a função de onda. Obviamente que, nesse caso, falar de uma medida é realmente um abuso de linguagem, mas fisicamente não há diferença entre interações com um aparelho construído por seres humanos e com o meio ambiente natural. Além disso, como na vida cotidiana nós não podemos nos livrar do ambiente, normalmente não vemos efeitos quânticos, como gatos mortos-vivos*, com nossos próprios olhos. O comportamento quântico é simplesmente destruído com muita facilidade.

---

* N.T.: Gatos mortos-vivos é uma referência ao famoso experimento mental formulado por Erwin Schrödinger que ficou conhecido como "gato de Schrödinger". Nesse experimento, um gato preso numa caixa estaria ao mesmo tempo em estados vivo e morto. O estado do gato, ao abrirmos a caixa, é resultado da atualização da função de onda de um dispositivo quântico na caixa que poderia aleatoriamente matar ou não o gato.

É por isso que você não deve dar ouvidos a qualquer um que afirme que saltos quânticos te permitem encontrar um caminho para escapar de uma doença ou, ainda, que você pode melhorar sua vida ao retirar energia de flutuações quânticas, e assim por diante. Essas coisas não só estão fora da ciência dominante ou convencional, mas são absolutamente incompatíveis com as evidências. Em circunstâncias normais, efeitos quânticos não exercem nenhum papel para além das dimensões das moléculas. O fato de que esses efeitos são tão difíceis de manter e medir é essencialmente a razão pela qual os físicos gostam de fazer experimentos a temperaturas muito baixas, perto do zero absoluto, e de preferência no vácuo.

Nós entendemos razoavelmente bem o que constitui uma medida, mas o fato de que precisamos sempre atualizar a função de onda depois de uma medida torna a mecânica quântica ao mesmo tempo não determinística e irreversível temporalmente. Ela é não determinística porque não podemos prever o que estamos medindo precisamente, podemos prever apenas a probabilidade de medir algo. E ela é não reversível temporalmente porque, uma vez que medimos a partícula, não podemos inferir o que a função de onda era antes da medida. Suponha que você meça (detecte) a partícula no lado esquerdo da tela. Com isso você não pode dizer se, previamente, a função de onda dizia que a partícula estaria lá com uma probabilidade de 50% ou apenas 1%. Existem muitos estados iniciais diferentes para a função de onda que levariam ao mesmo resultado da medida. Isso significa que a medida em mecânica quântica destrói informação para sempre.

No entanto, se podemos dizer que sabemos uma coisa sobre mecânica quântica é que sua interpretação física continuou sendo controversa. Em 1964, quase meio século depois que a teoria foi estabelecida, Richard Feynman disse a seus alunos: "Eu posso dizer com segurança que ninguém entende a mecânica quântica".[9] Passado mais meio século, em 2019 o físico Sean Carroll escreveu que "nem mesmo os físicos entendem a mecânica quântica".[10]

Realmente, o fato de que a função de onda em si não pode ser observada é um dilema tem tirado o sono de físicos e filósofos há quase um século, mas não precisamos nos embrenhar por toda essa discussão aqui. Caso queira saber mais sobre as interpretações da mecânica quântica, dê uma olhada nas minhas sugestões de leitura nas notas no fim do livro.[11] Vou apenas resumir o assunto dizendo que não acreditar que a atualização da função de onda pela medida é algo fundamentalmente correto atualmente é um posicionamento científico válido. Eu mesma penso que é bem possível que a atualização pela medida será um dia substituída por um processo físico de uma teoria subjacente (ainda não conhecida) e pode ser que essa teoria se revele novamente tanto determinística quanto reversível no tempo.

Devo acrescentar que, em uma das interpretações atuais mais populares da mecânica quântica – a interpretação de muitos mundos (ou multiverso) –, a atualização pela medida não acontece de jeito nenhum e a evolução do universo continuaria reversível temporalmente. Eu não sou uma grande fã dessa interpretação de multiverso pelas razões que estão delineadas no capítulo "Existem cópias de nós mesmos?". No entanto, para dar uma impressão exata do atual *status* da pesquisa, a interpretação de muitos mundos é outra razão que torna a crença na reversibilidade temporal algo hoje compatível com o conhecimento científico.

Isso nos leva à outra exceção da reversibilidade temporal: a evaporação de buracos negros. Buracos negros são regiões onde o espaço-tempo se curva tão intensamente que a luz é forçada a se propagar em círculos e não consegue escapar. A superfície na qual a luz fica presa é chamada de *horizonte* do buraco negro e, no caso mais simples, o horizonte tem a forma de uma esfera. Como nada pode se mover mais rápido do que a luz, buracos negros aprisionam tudo que cruza seu horizonte. Se algo por acaso cair nele, seja um átomo, um livro, uma nave espacial, não consegue escapar nunca mais. Uma vez dentro de um buraco negro, o objeto estará eternamente desconectado do resto do universo.

No entanto, só porque alguma coisa está fora do alcance de nossa visão, não significa que deixou de existir. Se colocarmos um livro em uma caixa, também não podemos mais vê-lo, mas isso não destrói a informação contida nele. A mera presença de um horizonte de buraco negro não significa um problema para a preservação da informação, embora seja certamente um problema para a *acessibilidade* à informação. Mas se os buracos negros simplesmente continuassem a armazenar informação indefinidamente, isso não seria um problema.

Essa era a situação até que, em 1974, Stephen Hawking demonstrou que buracos negros não sobrevivem para sempre. Devido a flutuações quânticas, o espaço-tempo ao redor do horizonte de um buraco negro torna-se instável. Nessa região, o espaço, até então vazio, decai em partículas, inicialmente em fótons (as partículas da luz) e outras de massa muito pequena, chamadas de *neutrinos*. Isso cria um fluxo regular, conhecido como *radiação de Hawking*, que leva energia para longe do horizonte. O buraco negro então evapora e, por causa da conservação de energia, ele encolhe.

Entretanto, como a radiação de Hawking não vem do interior do buraco negro, ela não contém nenhuma informação sobre o que formou o buraco negro ou do que caiu nele depois de formado. Lembremos que o que está no interior do buraco negro está desconectado do exterior. Por outro lado, a radiação carrega alguns pedaços de informação. Por exemplo, se coletarmos toda a radiação, podemos inferir a massa total e o momento angular do buraco negro. No entanto, a radiação não carrega nem de longe informação suficiente para codificar todos os detalhes do que desapareceu atrás do horizonte. Dessa forma, quando o buraco negro evaporar por inteiro e a única coisa que sobrar for a radiação de Hawking, não temos nenhuma maneira de decifrar qual teria sido o estado inicial. Teria sido uma anã branca ou uma estrela de nêutrons? Teria comido uma pequena lua, ou uma nuvem de hidrogênio, ou ainda um viajante espacial desastrado? Quais foram as últimas palavras do viajante espacial? Não tem como saber. A evaporação de um buraco negro é, portanto, temporalmente irreversível: existem muitos estados iniciais que levam ao mesmo estado final.

À primeira vista, isso soa semelhante ao problema da medida, mas existe uma diferença importante. A destruição de informação com a evaporação do buraco negro acontece mesmo antes de medirmos a radiação. Isso é um problema enorme, pois significa que a evaporação do buraco negro é incompatível até mesmo com a lei de evolução da teoria quântica. Por isso que a maioria dos físicos atualmente acha que há algo de errado na conclusão de Hawking de que buracos negros destroem informação.

Até mesmo Hawking, em seus últimos anos, mudou de ideia e convenceu-se de que buracos negros não destroem informação. A falha mais óbvia no cálculo, que Hawking publicou em 1974, é que não incluía as propriedades quânticas da gravitação. E nem poderia, pois não temos uma teoria para isso. Se tivéssemos uma teoria assim e incluíssemos seus efeitos, talvez recuperássemos a reversibilidade temporal na evaporação de buracos negros. Muitos físicos acreditam nisso atualmente.

* * *

Em suma, excetuando as medidas quânticas e a evaporação de buracos negros, ambos os casos controversos, informação não pode ser destruída. Esse conhecimento é meu consolo, quando não lembro onde deixei as chaves do carro. O caso é mais sério, é claro, quando nossa avó falece e a informação sobre ela – seu jeito único de lidar com a vida, sua sabedoria, sua gentileza e senso de humor – torna-se, na prática, irrecuperável. Ela se dispersa rapidamente em formas com as quais não podemos mais alcançar, não permitindo mais uma experiência de autoconsciência. Apesar disso, se confiamos em nossa matemática, a informação ainda está lá, em algum lugar, de algum modo, espalhada por todo o universo, mas preservada para sempre. Pode parecer loucura, mas é perfeitamente compatível com o que sabemos hoje em dia.

MATEMÁTICA TRANSCENDENTE

Meus argumentos neste capítulo apoiaram-se até agora na análise das propriedades matemáticas das leis da natureza, que é um método que em si demanda ainda uma maior verificação. É um fato curioso, como apontado por Eugene Wigner de maneira inesquecível, que a matemática é "insensatamente efetiva"[12] nas ciências naturais. De fato, a matemática tem funcionado incrivelmente bem para os físicos e a prova está diante de nossos olhos. Não importa se você está lendo este livro na tela ou impresso em papel por uma impressora laser, ele foi trazido para você por físicos que vasculharam profundamente a matemática da mecânica quântica, da qual a tecnologia moderna depende. Você pode não conhecer a matemática, talvez não a entenda, ou nem mesmo goste dela, mas não há dúvidas de que ela funciona.

E mesmo assim, física não é matemática. Física é uma ciência e, como tal, tem o propósito de descrever observações dos fenômenos naturais. Sim, é verdade, nós usamos matemática na física, um monte dela, e tenho certeza de que você notou isso. No entanto, não fazemos isso porque o mundo é realmente matemático. O mundo pode ser matemático e essa possibilidade é conhecida como *platonismo*, mas isso é um posicionamento filosófico e não científico. Tudo o que podemos dizer das observações é que a matemática é *útil* para descrever o mundo. Que o mundo *é* pura matemática – em vez de simplesmente ser descrito por ela – é uma premissa adicional. Essa premissa adicional é desnecessária para explicar o que observamos e, portanto, ela não é científica.

Contudo, a crença de que a realidade é matemática está profundamente arraigada no pensamento de muitos físicos, que tratam a matemática como um reino atemporal da verdade no qual vivemos. É comum encontrar livros didáticos e artigos que afirmam que o espaço-tempo *é* uma estrutura matemática dada e que partículas *são* certos objetos matemáticos. Físicos podem até não concordar conscientemente com a ideia de que a matemática é a realidade e negarão isso, caso sejam perguntados, mas na prática eles não distinguem as duas coisas. Essa confluência entre matemática e realidade tem consequências, pois os físicos às vezes chegam a pensar erroneamente que sua matemática revela mais sobre a realidade do que poderia de fato.

Essa percepção é muito evidente na ideia do "universo matemático" de Max Tegmark. De acordo com ele, toda a matemática é real e igualmente real, não apenas a que descreve nossas observações, mas literalmente qualquer matemática: os números de Euler, os zeros da função zeta de Riemann, as variedades pseudométricas não-Hausdorff, ou formas modulares de representações de Galois, são tão reais quanto o dedão do pé de cada um de nós.

Isso tudo é meio difícil de engolir, mas independentemente do que sentimos, não está errado, apenas não é científico. Evidentemente, não precisamos de toda a matemática para descrever nossas observações, o universo é de um jeito e não de outro qualquer, portanto sua descrição requer apenas uma matemática muito específica. Hipóteses científicas não devem ter premissas supérfluas, pois isso permitiria adicionar afirmações como "e Deus fez assim". Postular que toda a matemática é real é uma premissa simplesmente supérflua e não científica e que não ajuda a descrever a natureza de uma forma melhor. Por outro lado, se muito da matemática é desnecessária, não significa que ela não exista. A postulação de que ela não existe também é supérflua para descrever nossas observações. Portanto, assim como em relação a Deus, a ciência nada pode dizer sobre se toda a matemática existe ou não.

Francamente, eu penso que Tegmark veio com essa ideia do universo matemático apenas para ter certeza de que todos o reconheçam como um camarada sério, ainda que estranho. Ele provavelmente foi bem-sucedido nessa tarefa, mas, independentemente de sua motivação, eu admito que, para mim, a ideia de que a realidade é uma mera manifestação de verdades matemáticas absolutas é uma crença reconfortante. Pois, assim sendo, o mundo pelo menos faria sentido e o problema seria apenas que nós não conhecemos ou entendemos a matemática necessária para descobrir esse sentido.

No entanto, embora eu ache reconfortante a ideia de que a realidade é matemática, eu não consigo de fato acreditar nisso. Parece-me muita presunção pensar que os humanos já tenham descoberto a linguagem com a qual a natureza se expressa, praticamente na primeira tentativa, e logo depois aparecermos na superfície do nosso planeta. Quem pode dizer que não existe uma maneira melhor de entender nosso universo, que não seja a matemática? Uma maneira que demore ainda um milhão de anos para descobrirmos? Chamemos isso de *princípio da imaginação finita*: só porque não conseguimos pensar atualmente em uma explicação melhor, não significa que ela não exista. Não é porque não conhecemos uma maneira melhor que a matemática para descrever os fenômenos naturais que tal maneira não seria possível.

Assim, se quiser acreditar que o passado existe porque ele é matemático e toda a matemática existe, problema seu. Os argumentos nas seções anteriores deste capítulo não dependem de você acreditar na realidade da matemática. No entanto, esses argumentos supõem implicitamente que a matemática em si é atemporal, que a verdade matemática é eterna e que a lógica não se modifica. Essa é uma hipótese que não pode ser provada, pois o que você usaria para prová-la? Ela é uma das regras de fé usualmente não declaradas em que nossa investigação científica se baseia.

A RESPOSTA RÁPIDA

De acordo com as leis da natureza atualmente estabelecidas, o futuro, o presente e todo o passado existem da mesma maneira. Isso se deve porque, independentemente de como se defina "existir", não há nada nessas leis que diferencie um instante de tempo de um outro qualquer. O passado, portanto, existe exatamente da mesma forma que o presente. Ainda que essa questão não esteja inteiramente esclarecida, parece que as leis da natureza preservam a informação integralmente, assim todos os detalhes que constituem você, bem como a história da vida da sua avó, são imortais.

COMO COMEÇOU O UNIVERSO? COMO ELE VAI ACABAR?

O QUE SIGNIFICA EXPLICAR ALGUMA COISA?

O planeta Terra se formou há cerca de 4,5 bilhões de anos. As primeiras formas de vida primitiva apareceram aqui há aproximadamente 4 bilhões de anos. A seleção natural fez o resto, dando origem às espécies cada vez mais adaptadas ao seu meio ambiente. As evidências disso são, como dizem, esmagadoras.

Ou seria diferente? Imagine se a Terra tivesse surgido há meros 6 mil anos, com todos os registros fósseis no devido lugar e pedras devidamente desgastadas. De lá para cá, no entanto, a evolução seguiu como relatam os cientistas. Como você demonstraria que essa história está errada?

Não poderia.

Sinto muito, mas eu disse que não seria fácil!

É impossível provar que essa história está errada, devido à maneira como as leis naturais conhecidas funcionam. Como discutimos no capítulo anterior, essas leis funcionam ao aplicarmos as leis de evolução a partir dos estados iniciais e podemos aplicá-las tanto para frente no tempo quanto para trás. Se quisermos prever a trajetória de um corpo celeste, medimos sua posição e velocidade atuais e deixamos evoluir para o futuro. Se quisermos saber como o universo era há bilhões de anos, usamos nossas observações do presente e deixamos as equações evoluírem para trás no tempo.

Esse método, no entanto, cria o seguinte problema. Se tomamos o estado atual, como a Terra em 2023, e aplicamos a lei de evolução a ele, então isso nos daria o estado passado em 3978 a.e.c. Tomando, então, esse estado passado e reaplicando a lei de evolução de volta ao presente, conseguimos voltar corretamente ao ano de 2023. O problema é que podemos fazer isso para *qualquer* lei de evolução. Sempre existe *algum* estado de 6 mil anos atrás, que, junto à lei de evolução correta, resultará corretamente naquilo que observamos hoje.

Eu certamente poderia, caso quisesse, mudar subitamente para uma lei de evolução diferente, mais do que os 6 mil anos para trás, para acomodar um criador ou a construção de um supercomputador que calculasse a simulação cósmica na qual todos residimos ou qualquer outra coisa que me ocorresse. É por isso que, com as leis naturais que conhecemos hoje em dia, a ideia de que a Terra foi criada por alguém ou algo, com todas as coisas em seu devido lugar, não pode ser descartada.

Como essas histórias de criação não podem ser falseadas, não podemos dizer se são falsas, mas ser falsas não é problema delas. O problema com essas histórias é que são explicações científicas ruins.

A distinção entre explicações científicas e não científicas é ponto central deste livro, portanto merece uma atenção mais cuidadosa. Ciência trabalha para encontrar descrições úteis do mundo. Por *útil* eu quero dizer que as descrições devem nos permitir fazer previsões de novos experimentos ou explicar quantitativamente observações já feitas. Quanto mais simples for uma explicação, mais útil ela será. Para uma teoria científica, esse poder explicativo pode ser quantificado de várias maneiras, que podem ser resumidas na quantidade de informação prévia que uma teoria necessita para ajustar os dados resultantes com um certo grau de precisão. Saber exatamente como quantificar esse poder explicativo não importa para nossos propósitos aqui. Vamos deixar anotado apenas que isso pode ser feito e que é algo que cientistas fazem, às vezes, em algumas áreas da ciência. Cosmologia é um dos casos em que isso é feito frequentemente.[13]

Em outras áreas da ciência, como biologia ou arqueologia, modelos matemáticos não são amplamente utilizados e, portanto, seu poder explicativo não pode ser quantificado. Isso é assim por várias razões, mas uma delas é, certamente, que as observações em si são qualitativas e não quantitativas. Veja bem, a quantificação das observações – como, digamos, inventar uma medida para o flagelo das guerras – não leva necessariamente a novos conhecimentos brilhantes. Ou seja, não estou dizendo que tudo e qualquer coisa precisam ser acomodados em equações. No entanto, a quantificação pode servir para dirimir dúvidas de que conclusões sofreram vieses da percepção humana. Isso pode ser feito, por exemplo, pela quantificação do poder explicativo da evolução darwiniana com o desenvolvimento de medidas matemáticas[14] de distâncias entre fósseis.

Teorias científicas simplificam bastante as histórias que contamos sobre o mundo e essa simplificação representa o que queremos dizer com fazer ciência. Uma boa teoria científica é aquela que nos permite calcular os resultados de muitas observações com poucos pressupostos. A teoria quântica, para mencionar apenas uma delas, permite que calculemos as propriedades dos elementos químicos. É uma teoria científica extremamente boa, pois explica muito com pouco. A crença de que um ser onisciente chamado Deus fez os elementos químicos não é uma boa teoria científica. Você pode dizer que é, em certo sentido, uma explicação simples e talvez a ache convincente. Pode ainda até achá-la necessária para dar sentido a suas experiências pessoais. A

A ciência tem todas as respostas?

hipótese de Deus, no entanto, não tem um poder explicativo quantificável. Ninguém consegue calcular nada a partir dela. Isso não a torna errada, mas a torna não científica.

Dizer que o mundo teria sido criado há 6 mil anos, com tudo em seu devido lugar, não é uma ideia falseável, mas, por outro lado, ela também é inútil. Ela é quantitativamente complicada: você precisaria colocar um monte de dados na condição inicial. Uma explicação muito mais simples e, portanto, cientificamente melhor é que o planeta Terra é muito mais antigo e que a evolução darwiniana fez a sua tarefa.

Agora que sabemos o que significa explicar algo em termos científicos, vamos dar uma olhada em um dos casos no qual físicos atualmente se esforçam para encontrar explicações: o início do universo.

CONTOS MODERNOS DA CRIAÇÃO

No início, supercordas criaram membranas superdimensionais. Essa é uma das histórias que me são contadas, mas existem muitas outras. Alguns físicos acreditam que o universo começou com uma explosão, outros pensam que foi com um rebote, outros ainda apostam em bolhas. Alguns dizem que tudo começou com uma rede. Outros gostam da ideia de que foi algum tipo de colisão, ou uma fase atemporal de silêncio absoluto, ou ainda um gás de supercordas, talvez um buraco negro pentadimensional, quem sabe devido a uma nova força da natureza.

No final das contas, isso não importa, o resultado é o mesmo: nós aqui em um universo que se parece com o que observamos. O fato de que não importa a história na qual acreditamos é um grande sinal de alerta. Se isso fosse ciência, deveríamos ter dados para verificar qual hipótese está correta ou, pelo menos, para termos uma ideia de como obter esses dados. No entanto, é altamente questionável que algum dia seja possível obter os dados necessários para falsear qualquer um desses mitos de origem. Essas histórias remontam a um tempo tão passado que os dados são muito esparsos para que astrofísicos possam distingui-las, e esse pode ser um impasse intransponível. Por tudo que conhecemos, o início do nosso universo pode permanecer oculto para sempre.

Para entender por que eu digo isso, preciso dar algum contexto sobre como desenvolvemos teorias para o universo inicial. Nós coletamos todos os dados possíveis e, então, buscamos uma explicação simples. Quanto mais padrões nos dados pudermos calcular, melhor será a explicação. Por exemplo, a teoria atual do universo, o **modelo de concordância**, é bem-sucedida não apenas porque, se alimentada com alguma condição inicial, ela nos oferece o estado atual. Como mencionado anteriormente, isso sempre pode ser feito. Mas, a questão relevante é que as condições iniciais nesse modelo são simples, elas explicam muito a partir de pouco.

O modelo de concordância é a aplicação da teoria da relatividade geral de Einstein, de acordo com a qual a gravidade é causada pela curvatura do espaço-tempo. Não vou entrar em detalhes aqui porque você não precisa sabê-los para acompanhar as ideias que seguem. É necessário apenas saber que, de acordo com a relatividade geral, um universo preenchido com matéria e energia se expandirá e a velocidade com a qual ele se expande depende dos tipos e das quantidades de matéria e energia existentes. Portanto, o modelo de concordância basicamente acompanha o quanto de qual substância está presente no universo, deduzindo daí a taxa de sua expansão.

Na física podemos aplicar nossos modelos regredindo no tempo e, assim, começar com o estado presente do universo – expansão com a matéria amontoada em galáxias – e voltar no tempo, deduzindo que a matéria devia estar toda espremida. Aquilo deveria ter sido então uma sopa quente, e quase inteiramente homogênea, de partículas elementares chamada *plasma*.*

Esse plasma ter sido apenas *quase* inteiramente homogêneo é importante. O plasma tinha pequenos tufos nos quais a densidade era um pouco maior que a média, enquanto em outros lugares a densidade era

---

* N.T. O plasma é um estado da matéria muito quente no qual os elétrons se desligam dos núcleos atômicos. Assim, em vez de átomos, temos núcleos e elétrons voando pelo plasma separadamente.

um pouco menor. A gravidade, como sabemos, tem o efeito de atrair a matéria em direção a outra matéria. Ou seja, a gravidade transforma pequenos tufos de matéria em outros maiores. Por incrível que pareça, ao longo de bilhões de anos, esse processo faz com que pequenas irregularidades no plasma se transformem em galáxias inteiras. Além disso, a distribuição de galáxias que observamos hoje é, portanto – pela lei de evolução –, diretamente relacionada à distribuição dos pequenos tufos no plasma do universo primordial. Podemos, consequentemente, usar as observações das galáxias atuais para inferir (aplicando a lei de evolução retroativamente) como teriam sido esses pequenos tufos no plasma, o tamanho deles e quais as distâncias entre eles.

Além do mais, a distribuição das galáxias não é a única observação que podemos usar para inferir o que teria sido o plasma no passado. Os pontos mais densos no plasma também eram um pouco mais quentes; e os pontos um pouco menos densos, um pouco mais frios. Ora, enquanto o plasma é muito denso, em média, ele também é opaco, o que significa que a luz é engolida quase que imediatamente após ser emitida. No entanto, com a diminuição dessa densidade, partículas elementares conseguem ficar grudadas entre si, formando os primeiros núcleos atômicos pequenos. Após algumas centenas de milhares de anos, chegou um momento, chamado de *recombinação*, em que o plasma resfriou o suficiente para que os núcleos atômicos mantivessem elétrons ligados a eles.[15] Depois disso, é pouco provável que a luz seja absorvida novamente. Essa luz da recombinação flui, então, livremente através do universo em expansão.

Com a expansão do universo, o comprimento de onda da luz estica e assim sua frequência de oscilação diminui. Como a frequência é proporcional à energia da luz e a energia média determina a temperatura, a temperatura da luz decresce com a expansão. Essa luz ainda nos cerca hoje em dia, ainda que a uma temperatura extremamente baixa de 2,7 Kelvin (isto é, 2,7 graus Celsius acima do zero absoluto), constituindo a *radiação cósmica de fundo em micro-ondas*. Esse nome deriva do comprimento de onda dessa luz, cerca de dois milímetros, que se encaixa na região de micro-ondas do espectro eletromagnético.[16]

A temperatura da radiação cósmica de fundo de micro-ondas, no entanto, não é exatamente a mesma em todas as direções do céu. A temperatura média é de 2,7 Kelvin, mas em torno da média existem pequenos desvios de alguns centésimos de milésimos de grau Kelvin. Isso significa que a luz vinda de algumas direções é um pouquinho mais quente e a de outras tantas direções um tantinho mais fria. Essas flutuações de temperatura na radiação cósmica de fundo em micro-ondas também se remetem às flutuações de densidade no plasma do universo primordial.

O ponto importante agora é que as condições iniciais para o plasma no universo primitivo se ajustam às duas observações: a distribuição de galáxias e as variações de temperatura na radiação cósmica de fundo. O modelo de concordância da cosmologia é, portanto, uma simplificação que vai além da coleta de dados: ele explica por que dois tipos diferentes de dados se encaixam de uma maneira específica. Embora seja possível, em princípio, postular uma condição inicial para qualquer lei de evolução, de modo que o resultado concorde com as observações; em geral é necessário colocar um monte de informação nas condições iniciais para que os cálculos acabem em acordo com as observações. O modelo de concordância, ao contrário, não precisa de muita informação, nem na sua lei dinâmica (lei de evolução), nem na condição inicial, para explicar diversas observações diferentes. Ele faz com que coisas se encaixem. Ele tem, usando as palavras da seção anterior, um alto poder explicativo.

Considerei aqui duas observações específicas – a distribuição de galáxias e a radiação cósmica de fundo de micro-ondas – para ilustrar o que eu quero mostrar quando digo que o modelo de concordância é uma boa explicação. No entanto, existem ainda outras observações que também se encaixam nele, como a abundância de elementos químicos e a maneira como as galáxias se formam. Essas observações reforçam a defesa do modelo de concordância.

O modelo de concordância é considerado uma boa teoria científica porque é simples e, mesmo assim, explica um monte de dados. Os valores numéricos que melhor se ajustam aos dados coletados nos dizem que apenas 5% do universo são constituídos da mesma substância

A ciência tem todas as respostas?

de que somos feitos, 26% são de **matéria escura** tenuemente distribuída, que não podemos ver, e os 69% restantes são atribuídos à **energia escura** da **constante cosmológica**.

Como é que o Big Bang se encaixa nesse modelo? O Big Bang se refere a um primeiro instante de tempo hipotético, quando o universo começou. Ou seja, teria ocorrido antes da fase de plasma quente que acabamos de discutir. Se nos ativermos exclusivamente à matemática, no instante do Big Bang, a matéria do universo teria sido então infinitamente densa. Uma densidade infinita não faz sentido fisicamente, embora isso provavelmente sinalize apenas que a teoria da relatividade geral de Einstein falharia para densidades muito altas. Quando os físicos dizem "Big Bang", eles usualmente não se referem à singularidade matemática (densidade infinita), mas sim ao que quer que seja que estaria no lugar da singularidade em uma teoria do espaço-tempo ainda por ser descoberta.[17]

O Big Bang, no entanto, não faz parte do modelo de concordância, pois não temos nenhuma informação que nos dê pistas sobre o que aconteceu em um tempo tão longínquo. O problema é que, quando calculamos nossas equações retroativamente no tempo, a densidade e a temperatura do plasma continuam a aumentar. No fim, o plasma será mais quente e denso do que podemos produzir nos aceleradores de partículas mais potentes. Não sabemos que processos físicos podemos esperar para energias mais altas do que a desses aceleradores. Nunca testamos esse regime, que, aliás, não ocorre em nenhuma outra situação que tenhamos observado. Mesmo no interior das estrelas, as temperaturas e densidades não excedem aquelas que já produzimos na Terra. O único evento natural conhecido que pode alcançar densidades mais altas é o de uma estrela que colapsa em um buraco negro. Infelizmente, neste caso, não podemos observar o que se passa, pois o colapso é ocultado atrás do horizonte do buraco negro.

Essa não é uma lacuna pequena no nosso conhecimento. As energias no Big Bang teriam sido ao menos quinze ordens de grandeza* maiores

---

* N.T.: Em termos leigos, seriam um milhão de bilhões de vezes maior.

do que as energias para as quais temos dados confiáveis no momento. É claro que podemos especular e físicos claramente especularam sobre isso sem o menor pudor.

A especulação mais fácil é a de presumir que nada muda nas equações de evolução do modelo de concordância, assim continuaríamos simplesmente rolando atrás no tempo, rumo a um intervalo para o qual não temos dados. Só para ter uma ideia do que significa extrapolar além de quinze ordens de grandeza, isso seria equivalente a extrapolar da largura de um filamento de DNA para o raio da Terra e pressupor que nada novo acontece entre os dois limites. É altamente questionável que essa extrapolação faça algum sentido. De qualquer modo, se você a fizer, então as equações vão, no final, simplesmente deixar de funcionar e chegaríamos ao cenário do Big Bang e pronto. Isto é, sinceramente, bastante chato.

No entanto, como não há dados que restrinjam essa extrapolação ao passado, não existe nada que impeça os físicos de mudarem as equações para os instantes iniciais e inventarem histórias empolgantes sobre o que poderia ter acontecido. Isso é muito mais interessante. Por exemplo, é muito comum os físicos presumirem que, quando a densidade aumenta além do tal limite-além-do-teste, as forças fundamentais da natureza finalmente se combinam em uma só, em um evento chamado de *grande unificação*. Não temos nenhuma evidência que algo assim tenha sequer acontecido, mas muitos físicos acreditam nisso mesmo assim. Além disso, eles têm inventado centenas de maneiras diferentes para mudar as equações de evolução. Eu certamente não poderia passar por todas elas, mas aqui eu vou listar de forma breve as mais populares atualmente.

Inflação Cósmica

De acordo com a teoria da **inflação cósmica**, o universo teria sido criado das flutuações quânticas de um campo chamado *inflaton*. A palavra *campo* aqui significa apenas que, ao contrário de uma partícula, ele permeia o espaço e o tempo, ou seja, está em todo lugar. A criação a partir de flutuações quânticas significa que ela pode acontecer até mesmo no vácuo. O universo começaria com um vácuo e, de repente do nada, lá está uma bolha com o campo inflaton nela e a bolha continua se expandindo. O campo inflaton leva o universo a passar por uma fase de expansão exponencialmente rápida, que é a inflação que dá nome à teoria. Físicos então postularam que o campo da inflação decai nas partículas, que ainda hoje observamos,[18] e daí para frente tudo segue de acordo com o modelo da concordância.

Nós não temos nenhuma evidência para a existência do campo inflaton ou para a ideia de que as partículas atuais foram produzidas pelo seu decaimento. Alguns físicos têm afirmado que a teoria da inflação poderia ser falseada por observações futuras. No entanto, podemos sempre escolher as propriedades do campo inflaton para que coincidam com o que quer que seja observado. Isso significa que a hipótese não tem um poder explicativo. A razão pela qual a inflação cósmica é popular entre físicos é que se acredita que ela simplifica as condições iniciais, mas, deixando de lado que tal afirmação tem sido contestada,[19] tal simplificação se dá às custas de complicar a equação de evolução.

Essa possibilidade de o campo inflaton dar origem a um universo onde previamente havia apenas o vazio é, às vezes, interpretada como criação *ex nihilo*, "do nada", como, por exemplo, no livro do físico Lawrence Krauss, intitulado *Um universo que veio do nada*. Um vácuo quântico, no entanto, não é um nada. É definitivamente algo com propriedades matemáticas específicas. Além disso, na versão comum da teoria da inflação cósmica, espaço e tempo existiam antes da criação do nosso universo, portanto, claramente, não é uma criação *ex nihilo*.[20]

Novas forças

Físicos atualmente enumeram quatro forças fundamentais: gravidade, força eletromagnética e as forças nucleares forte e fraca. Todas as outras forças que conhecemos – força de van der Waals, atrito, forças musculares, e assim por diante – advêm dessas quatro forças fundamentais. Físicos chamam qualquer nova força hipotética de *quinta força*. Esse nome não se refere (ainda) a nenhuma força específica, mas a um grande número de forças diferentes, que têm sido cogitadas por distintas razões, sendo que uma delas é para alterar as hipotéticas condições no universo primordial.

Eu vou escolher um exemplo para fins de ilustração, uma força criada por um campo, o *cuscuton*, que supostamente existia no início do universo. Desde então, esse campo desapareceu,[21] mas naquela época permitiu flutuações para viagens mais rápidas que a da luz. O cuscuton não tem esse nome para celebrar o famoso cuscuz, nem para homenagear o cuscuz-malhado-comum, uma espécie de marsupial, mas sim em função do gênero de planta *Cuscuta*. Trata-se de uma parasita que cresce em plantas e arbustos e assemelha-se a uma peruca verde felpuda. A *Cuscuta* é encontrada quase que exclusivamente em regiões tropicais e subtropicais, que é a minha desculpa por nunca ter ouvido falar dela. O campo cuscuton é chamado assim porque, como a parasita, ele "cresce" com a lei dinâmica do modelo de concordância.

A força criada pelo cuscuton tem uma consequência para a distribuição da matéria no universo, que é similar à da expansão exponencial da teoria da inflação cósmica, sofrendo do mesmo problema, ou seja: ela é desnecessária para explicar qualquer observação existente e não proporciona nenhuma simplificação em relação ao modelo de concordância.

O cuscuton foi inicialmente proposto em 2006 e devo admitir que é apenas uma ideia localizada em um nicho. Eu o menciono aqui porque já foi demonstrado que, no que tange as observações atuais, o cuscuton não pode ser distinguido do inflaton.[22] Isso reforça o meu argumento de que essas hipóteses são ambíguas e tornam uma história simples mais complicada, o oposto do que teorias cientificas deveriam fazer.

Rebotes e ciclos

Essa classe de teorias defende que a atual expansão do nosso universo foi precedida por uma fase de contração, trocando o Big Bang por um Big Bounce (Grande Rebote): isto é, uma transição tranquila de um universo anterior para o nosso. Em algumas variações dessas teorias, nosso universo vai terminar em um novo rebote, parte de um ciclo infinito. Existem várias versões para tais ciclos, dependendo apenas de como a equação de evolução é modificada em torno da singularidade do Big Bang.

Os modelos cíclicos mais populares são o da *cosmologia cíclica conforme*, proposto por Roger Penrose e o *universo ecpitórico*, originalmente proposta por Justin Khoury e seus colaboradores. Penrose gruda a antiga fase do universo à fase inicial do próximo universo, enquanto Khoury e seus amigos imaginam que o universo foi criado em uma colisão extradimensional de superfícies de altas dimensões, que acontecem repetidamente. Um Grande Rebote sem um ciclo também é possível em algumas abordagens, que buscam unificar a gravitação com a mecânica quântica, como a cosmologia quântica em *loop*.

O problema dessas ideias – você provavelmente já deve ter imaginado – é que elas não têm um poder explicativo. Elas não simplificam o cálculo de nenhuma observação; em vez disso tornam as coisas ainda mais complicadas. Além disso, é altamente questionável se algum dia será possível uma observação que possa ser atribuída exclusivamente a alguma dessas ideias.

A proposta sem fronteiras

A proposta sem fronteiras evita a singularidade do Big Bang, trocando o tempo por um espaço exterior ao universo primordial. Eu digo *exterior* porque não faz muito sentido usar *antes* se o tempo não existia. Imaginem uma folha de papel com um círculo desenhado. O círculo é o universo como conhecemos, que tem espaço e tempo. Não existe tempo fora da área do círculo desenhado. Essa área não é anterior a qualquer coisa, mas próxima de tudo. Na proposta sem fronteiras nosso universo está imerso em um espaço desse tipo.

A ideia foi originalmente proposta por Stephen Hawking e Jim Hartle, mas um desaparecimento do tempo semelhante surgiu mais recentemente em algumas versões da cosmologia quântica em loop. Sim, é a mesma abordagem para quantizar o espaço-tempo, que, segundo outros cientistas, pode dar origem a um rebote. Essa ambiguidade não aparece apenas porque a matemática envolvida é difícil, o que de fato é, mas também devido à existência de diferentes maneiras de transformar ideias em matemática, mas não há dados que digam qual é a maneira correta.

Como nas outras teorias para o universo primordial, esta aqui também substitui a equação de evolução por uma outra diferente. A proposta sem fronteiras sofre do mesmo problema de todas as outras teorias para o universo primordial: é desnecessária para explicar qualquer observação, não traz nenhuma simplificação e suas previsões são ambíguas.

Gênese geométrica

A ideia da *gênese geométrica* ("nascimento da geometria") é a de que o espaço foi criado junto com o universo. Em uma abordagem como essa, cientistas geralmente descrevem a fase pré-natal do universo como um tipo de rede com conexões em demasia para ter alguma interpretação geométrica que faça sentido. Essa rede então mudaria[23] com o tempo ou com a temperatura e finalmente tomaria uma forma geométrica regular que se aproximaria ao espaço na teoria de Einstein.

Gênese geométrica é inspirada pela observação de que qualquer superfície que pensamos como sendo suave e contínua, como uma folha de papel ou um plástico, é, observando com cuidado, formada de estruturas menores e tem pequenos buracos nela. O problema com a gênese geométrica é, novamente, o fato de ser realmente desnecessária para descrever qualquer coisa que observamos. Ela preenche uma lacuna do nosso conhecimento com uma história, porque cientistas relutam em aceitar que a resposta é "nós não sabemos".

* * *

É preciso deixar bem claro que eu não estou dizendo que esses modelos não fazem nenhuma previsão. Todos os físicos já leram Karl Popper e geralmente tentam prever alguma coisa. A questão é que esses modelos são maleáveis e, se uma observação não se encaixa na previsão, a situação pode ser remediada com emendas nos modelos. Os físicos que não abandonaram seus cursos de filosofia da ciência logo após a aula sobre Popper veriam o problema com esse método. No entanto, não viram e é por isso que agora nós temos centenas de histórias sobre o começo do universo, nenhuma das quais é realmente necessária para explicar alguma coisa que nós já tenhamos observado.

Minha intenção aqui não é criticar a cosmologia. Tá bom, talvez um pouco. A verdade é que aprendemos alguns fatos realmente incríveis sobre o universo através da pesquisa em cosmologia. Um século atrás não sabíamos da existência de galáxias além da nossa e nem que o universo se expande e, portanto, não quero, de modo algum, menosprezar essas realizações. Tampouco quero argumentar que a cosmologia está finalizada. O melhor modelo atual do universo, o modelo de concordância, não é, quase que com toda certeza, a última palavra. É esperado que os dados continuarão a ser melhorados por um bom tempo. Isso deverá descartar alguns modelos – quem sabe até o próprio modelo de concordância – e novos e melhores modelos serão desenvolvidos e estabelecidos. Esses modelos melhores terão boa chance de se estender mais além no passado do que o modelo de concordância.

Todavia, pesquisa cosmológica é limitada por dois problemas distintos. Primeiro, todas essas hipóteses sobre o universo primordial, tanto aqueles que eu listei, quanto muitos outros que você já pode ter ouvido falar, são pura especulação. São mitos de criação modernos escritos em linguagem matemática. Não apenas não existem evidências para eles, como também é difícil conceber *alguma* evidência que poderia decidir o debate em favor de alguma dessas hipóteses. Essas hipóteses e seus modelos são tão flexíveis que possivelmente poderiam acomodar qualquer dado inserido neles.

Em segundo lugar, quando se defrontam com a tarefa de explicar o início do universo, os físicos encontram um problema fundamental, que talvez seja impossível de ser superado. Todas as teorias atuais dependem de condições iniciais simples. Isso não é opcional e sim essencial para que nosso modo de explicação funcione. Se você precisar de condições iniciais complicadas, mesmo a equação de evolução mais simples não daria ao seu modelo poder explicativo. Caso o universo tenha passado por uma fase inicial mais difícil de descrever do que o plasma quente, que deu origem às galáxias, então toda a nossa metodologia científica deixaria de funcionar. Mesmo que essa hipótese fosse correta, não teríamos uma fundamentação que permitisse adicionar uma história mais difícil que precedesse uma mais simples.

A única solução que consigo pensar para superar esse impasse é o desenvolvimento, em algum momento, de teorias que não necessitassem de condições iniciais, mas que, ao invés disso, fossem aplicáveis, concomitantemente, a todos os tempos. Não existe nenhuma teoria assim no momento, portanto, isso também é mera especulação.

E NO FINAL

Por outro lado, se extrapolarmos as teorias atuais sobre o universo para um futuro distante o resultado seria, em uma única palavra, sombrio. Está previsto que, em aproximadamente 4 bilhões de anos, Andrômeda, nossa galáxia vizinha, se chocará com a Via Láctea. Nosso Sol terá gastado seu combustível nuclear e se extinguido em cerca de 8 bilhões de anos, e o mesmo acontecerá, finalmente, com todas as estrelas. Enquanto a matéria for se esfriando e agregando, com boa parte dela terminando em buracos negros, a expansão do universo será mais e mais rápida, tornando cada vez mais difícil ver o suave brilho das galáxias se afastando de nós. Os céus noturnos serão totalmente negros.

De qualquer forma, não haverá ninguém por perto para ver isso. O universo pode abrigar a vida apenas nessa limitada e abençoada janela de tempo em que nos encontramos. Isso independe da flexibilidade de sua definição de *vida*, pois o suprimento de energia útil terminará inevitavelmente. Mesmo se imaginarmos formas de vida muito diferentes da nossa (Freeman Dyson, por exemplo, especulou que vida poderia se formar nas nuvens de gás interestelares), todas seriam por fim vítimas do mesmo problema: vida requer mudança e mudança precisa de energia livre, que é limitada. Uma outra maneira de dizer isso é que a entropia não pode diminuir. Falaremos mais sobre entropia no capítulo "Por que ninguém nunca fica mais jovem?". Por ora, vamos apenas lançar um olhar crítico sobre o quanto devemos confiar nessas extrapolações sobre o futuro distante.

Deixe-me começar dizendo que nós não sabemos se as leis da natureza atuais permanecerão, mesmo para o dia de amanhã. Na ciência, muitas vezes é um artigo de fé não escrito que as leis da natureza permanecerão como são e sem mudanças repentinas.

David Hume, no século XVIII, chamou isso de *problema da indução*: quando inferimos a probabilidade de um evento futuro através de observações passadas, implicitamente presumimos uma natureza uniforme, constante e confiável no seu avanço. As leis da natureza[24] não mudam de repente. Se mudassem nós não as chamaríamos de leis.

No entanto, podemos estar equivocados na suposição de que a natureza é uniforme. Bertand Russell, no seu livro *Os problemas da Filosofia*, de 1912, comparou o argumento de Hume à tentativa de uma galinha de inferir as leis da vida numa fazenda.[25] A galinha é alimentada todas as manhãs, às nove horas, impreterivelmente, até que um belo dia o fazendeiro corta a sua cabeça. "Uma opinião mais elaborada do que a da uniformidade da natureza teria sido útil para a galinha", meditou Russell.

O problema de Hume no século XVIII ainda é um problema hoje em dia, possivelmente um problema insolúvel. A uniformidade da natureza em si é certamente uma expectativa baseada nas nossas observações passadas, mas não podemos usar essa própria suposição para confirmá-la. É impossível prever que nada imprevisível ocorrerá.

No caso de você ter a esperança de que exigir que as leis da natureza sejam matemática poderia ser uma solução para o dilema, eu devo dizer: perdão, mas isso não ajuda. Não é difícil chegar a leis da natureza que pareçam indistinguíveis daquelas que verificamos até agora, mas que explodirão o sistema solar amanhã. Não é que há algo que sugira isso, mas também não há nada que fale contra. Uma galinha mais esperta poderia ser capaz de perceber as intenções do fazendeiro, mas ainda assim não seria capaz de inferir que sua inferência funcionaria.

O que está acontecendo? Para 97% de todos os verbetes na Wikipédia,[26] ao clicarmos no primeiro link e repetirmos isso para cada verbete subsequente, por fim terminaremos com um verbete sobre filosofia. Filosofia é onde nosso conhecimento termina e o método científico não é uma exceção. O método científico funciona? Sim. Por que ele funciona? Em última instância, nós não sabemos. E por não sabemos por que funciona, não podemos estar seguros de que continuará a funcionar.

Para que fazer ciência, então? Por que, aliás, fazer qualquer coisa, se o universo pode se desmanchar a qualquer momento? Quando eu aprendi sobre o problema de Hume pela primeira vez na graduação, fiquei perplexa. Senti como se alguém tivesse puxado o tapete da realidade sobre a qual me encontrava, para revelar um grande e escancarado vazio. Por que ninguém me preveniu sobre isso?

Contudo, pensei em seguida, "afinal, que diferença isso faz?". As leis da natureza vão continuar do jeito que foram até agora, ou então não. Caso elas continuem, o método científico seguirá sendo de serventia para nós, ajudando a decidir quais ações se adaptam melhor às nossas necessidades. Por outro lado, se as leis mudarem, não há nada que possamos fazer sobre isso e não temos nenhum plano de ação. Então, por que se aborrecer com isso? Coloquei, então, de volta o tapete. Ainda existe um vazio debaixo dele, mas posso viver com isso e imagino que eu não era mesmo destinada a ser filósofa.

Eu tenho a mesma reação frente às histórias assustadoras do fim do universo: se não podemos fazer nada mesmo, não faz sentido nos inquietarmos com isso.

Considerem, por exemplo, o risco de que o universo poderia sofrer um decaimento espontâneo do vácuo, que significa que ele poderia desmanchar-se subitamente em partículas que surgem do meio do nada. Caso isso aconteça, uma enorme quantidade de energia seria liberada no que era anteriormente um espaço vazio. Toda a matéria seria dilacerada instantaneamente. Não podemos desconsiderar essa possibilidade, pois as observações somente nos dizem que o vácuo não decaiu até agora. Isso significa que não podemos afirmar que há um vácuo verdadeiramente estável em vez de um que é apenas muito duradouro, ou *metaestável*, como dizem os físicos. É a galinha de Russell para a expectativa de valores do vácuo, no lugar de valores de expectativa da ração.

Adesivos que brilham no escuro, por exemplo, funcionam devido a estados metaestáveis. A tinta utilizada neles contém átomos fosforescentes. Ao iluminá-los, eles temporariamente armazenam a luz ao deslocar os elétrons para níveis de energia metaestáveis mais altos. Quando esses elétrons decaem de volta aos estados de mais baixa energia, os átomos liberam a energia de volta em forma de luz, brilhando, portanto, no escuro.

Nosso vácuo poderia sofrer um decaimento, tal qual os átomos fosforescentes. Como isso é um processo quântico, não começa lentamente, de modo que possamos perceber o que virá. O processo simplesmente acontece com uma certa probabilidade, em um determinado intervalo de tempo, sem aviso prévio.

Se o nosso vácuo vai ou não decair depende de dois parâmetros, cujos valores não conhecemos exatamente. As melhores estimativas atuais sugerem que sim, o universo pode decair, mas sua vida média é algo em torno de 10^{500} anos. Esse número é tão grande que nem tem um nome para ele. No entanto, é apenas um tempo de vida *médio*, que significa que a probabilidade de que o vácuo decaia muito antes disso é pequena. Todavia, o vácuo *pode* decair antes, só que isso é pouco provável.

Na minha opinião, no entanto, essa e outras estimativas similares não fazem sentido, porque exigem uma extrapolação de mais de uma dezena de ordens de grandeza de uma física desconhecida, para fenômenos que acontecem em distâncias de aproximadamente 10^{-35} metros. Os melhores experimentos hoje em dia conseguem observar coisas até 10^{-20} metros[27] e não abaixo disso. Portanto, se há alguma coisa que ainda não conhecemos nesse intervalo (temos boas razões para acreditar que há), a estimativa está errada. Portanto, resumidamente: nós simplesmente não sabemos.

Considerações similares se aplicam a outras histórias sobre o fim do universo. Nós certamente podemos pegar as leis da natureza que conhecemos e extrapolá-las e este é um exercício divertido. No entanto, mesmo deixando de lado o problema da indução, quanto mais adiante no tempo olharmos, mais incertas as previsões se tornam. Caso existam processos físicos tão lentos ou raros que ainda não foi possível observá-los, eles podem se tornar relevantes em um futuro distante.

Muitos físicos, por exemplo, têm especulado que os prótons, um dos constituintes dos núcleos atômicos, seriam instáveis, mas com um tempo de vida tão longo que ainda não se observou o decaimento de nenhum deles. Pode ser que sim, pode ser que não. A evaporação de buracos negros também ocorre tão lentamente que não podemos medi-la, se é que acontece de fato, pois para isso não temos evidências.

Nós também não sabemos o que a energia escura fará em um futuro distante. Não encontramos evidências de que sua quantidade muda, mas se a mudança é realmente lenta não seremos capazes de medi-la também. Contudo, uma mudança extremamente lenta na quantidade de energia escura teria um efeito enorme na taxa de expansão do universo. Quando o universo era 5 bilhões de anos mais jovem – uma época em que nosso planeta ainda não tinha nascido, mas a vida já seria possível em outros planetas –, provavelmente não seríamos capazes de medir energia escura de nenhuma maneira. Naquele tempo

A ciência tem todas as respostas?

a influência da energia escura era muito menor, não sendo grande o suficiente para acelerar a expansão do universo.

Lawrence Krauss contou a piada que ele só faz previsões para daqui trilhões de anos, pois não haveria ninguém nas redondezas para checar se ele estaria certo. Uma previsão mais realista, embora menos engraçada, é a de que Krauss não estará por perto no caso de que se verifique que ele errou ao dizer que mais ninguém estaria presente. De qualquer modo, não se deve confiar nas previsões dos físicos para o fim do universo. Seria como pedir para uma drosófila fazer a previsão do tempo.

A RESPOSTA RÁPIDA

Nós melhoramos as teorias científicas simplificando-as. Quando se trata do universo primordial, pode haver um limite do quanto podemos simplificar nossas explanações. Assim, é possível que jamais sejamos capazes de dizer qual, entre tantas teorias de como o universo começou, seja a correta. Essa é certamente a situação atual para as teorias sobre o início do universo. Para a questão sobre as possíveis maneiras pelas quais o universo poderia acabar, o problema é que não sabemos nada sobre processos que são tão raros ou lentos e que não fomos ainda capazes de observar. Portanto, não levem essas histórias tão a sério, mas fiquem à vontade para acreditar nelas.

OUTROS OLHARES 1

A MATEMÁTICA É MESMO TUDO QUE EXISTE?

Uma entrevista com *Tim Palmer*

Recebi, no outono de 2018, um convite surpresa da Royal Society de Londres. Eles me pediram para participar de um jantar temático sobre inteligência artificial. Quando vi o remetente, o então presidente da Royal Society, percebi que era um prêmio Nobel. Como o meu conhecimento sobre inteligência artificial não ia muito além de saber que sua abreviatura é IA, pensei que o convite fora um engano. Não respondi.

Passaram-se algumas semanas, quando veio um lembrete educado pedindo que eu confirmasse, RSVP. Escrevi de volta para dizer que eles tinham escolhido a pessoa errada. Eles me asseguraram que realmente queriam a minha presença. Era sério. E então pensei, "Bem, uma viagem de graça para Londres com jantar incluído". Você teria recusado?

Foi assim que fui parar em uma noite de fevereiro no prédio da Royal Society, junto a uma grande mesa oval, sentindo-me deslocada entre pessoas cheias de títulos e prêmios. Quando me sentei constrangida, um cavalheiro britânico ao meu lado se apresentou como um cientista climático que estava ali porque seu grupo na Universidade de Oxford usava inteligência artificial para estudar nuvens. Seu nome: Tim Palmer, um dos agraciados com o prêmio Nobel da Paz de 2007 pelo seu trabalho no Painel Intergovenamental sobre Mudanças Climáticas.

Eu não me lembrei na hora, mas era o mesmo Tim Palmer que me enviara um e-mail um ano antes, sobre o qual brinquei com meu marido, dizendo que agora até mesmo cientistas climáticos têm ideias

59

A ciência tem todas as respostas?

de como revolucionar a mecânica quântica. De fato, após o jantar, Tim tentou iniciar uma conversa comigo sobre livre-arbítrio na mecânica quântica, além de outros temas. Eu pedi desculpas me retirando e o deixei ali parado em uma rua fria e escura de Londres.

Tim Palmer, no entanto, como se revelou mais tarde, não é alguém que desista facilmente. Ele continuou me enviando atualizações entusiasmadas de suas novas tentativas de consertar a mecânica quântica. Fiz o melhor que pude para ignorá-lo e provavelmente seria bem-sucedida se não tivesse, alguns meses depois, procurado um cientista climático para entrevistar para um artigo que estava escrevendo.

Passado um ano, havíamos escrito o artigo, publicado também um outro de divulgação científica sobre o assunto e gravado juntos uma canção. Tim e eu chegamos de maneira independente a conclusões similares sobre a falta de progressos nos fundamentos da Física. Ambos mostramos um excesso de confiança dos físicos ao **reducionismo**, a ideia de que ganhamos um entendimento mais profundo da natureza ao olharmos para distâncias cada vez mais curtas. Dado que as questões sobre o quanto nós realmente conhecemos, e quanto nós possivelmente poderemos conhecer, são o tema central deste livro, procurei-o novamente para entrevistá-lo, dessa vez em seu escritório na Universidade de Oxford.

* * *

Na entrada do escritório de Tim, um Einstein de papelão recebe o visitante na porta, inclinado sobre um quadro branco rabiscado com a equação de Navier-Stokes, que é a matemática que descreve a turbulência na atmosfera. Essa é a síntese da paixão de Tim: geometria do espaço-tempo e a teoria do caos combinadas. Atrás de sua escrivaninha, uma bandeira europeia lamenta a saída do Reino Unido da União Europeia.

Eu hesito por um momento antes de fazer a primeira pergunta. Cientistas costumam estranhá-la. Mesmo assim, pensando em estabelecer um contexto relevante, começo perguntando se ele é religioso.

"Não, eu não sou não", diz Tim. Ele balança a cabeça e seus cabelos, *à la* Einstein, se agitam. "Bem, eu não sou religioso, mas eu sou ligeiramente avesso às pessoas que são taxativas quando dizem que podem provar que Deus não existe." Ele se queixa um pouco de cientistas como Richard Dawkins, que retratam todas as pessoas religiosas como sendo estúpidas, ignorantes ou ambos. Eu me dou conta de que existem muitos cientistas assim.

"A razão pela qual isso me incomoda", segue Tim, "é que eu sei que existem muitos criacionistas nos Estados Unidos que têm sido muito ruidosos e tal, mas precisamos nos lembrar de que muitas famílias islâmicas tradicionais também têm suas crenças criacionistas. E eu cresci como católico, portanto sou consciente de que há um componente nisso que ataca essa cultura. Incomoda-me um pouco que esse tipo de atitude em relação ao criacionismo possa estar afastando jovens dessas culturas que, de outro modo, poderiam estar abertos a uma carreira científica. Portanto, tentei pensar: 'alguém poderia vislumbrar uma situação na qual uma crença assim, a de que Deus criou o universo há 6 mil anos, não seria estúpida e nem completamente contra todas as coisas que entendemos sobre ciência?'"

Eu concordo com Tim de que cientistas às vezes ultrapassam as fronteiras de suas disciplinas. Obviamente que algumas crenças religiosas se tornaram incompatíveis com as evidências. Humanos, por exemplo, não habitaram a Terra junto com os dinossauros e fazer sexo em público não aumenta a colheita de bananas.[28] A ciência, no entanto, tem limites e, em vez de proclamar que o ensino de religião é "abuso infantil" – como o fez Lawrence Krauss[29] –, penso que cientistas deveriam reconhecer que ciência é compatível com muitas crenças sagradas.

Tim continua, defendendo seu ponto de vista: "O argumento convencional é que a ideia que o universo foi criado há 6 mil anos é estúpida, porque nós sabemos que a idade da Terra é de bilhões de anos. Além disso, a idade das estrelas é maior ainda e todos os tipos de evidências tornam óbvio que o universo é muito mais antigo do que 6 mil anos".

"Mas então eu comecei a pensar, 'o que afinal nós queremos dizer com a palavra *criação*? Comecemos, por exemplo, com a criação de átomos. O que são átomos? Bem, tudo o que a ciência pode dizer no momento é que podemos descrever os átomos com equações. Nós temos leis que são matemáticas e o que quer que você queira saber sobre um átomo, as equações lhe dirão o que ele faz. No entanto, a matemática não nos diz o que um átomo *é*. Um átomo é *apenas* matemática? Matemática é tudo o que existe? Existiria alguma coisa, uma substância ou algo assim, que torna as coisas reais e não é parte do cânone científico atual?'"

"A resposta é que não sabemos. Hawking no seu livro *Uma breve história do tempo: do Big Bang aos buracos negros*[30] fez a famosa pergunta, 'que fogo atiça as equações para fazer o universo?'. Quem sabe exista algo no universo à nossa volta que não seja somente matemática."

"Eu não estou tentando defender essa ideia", Tim diz com cautela, "mas você poderia defender que Deus criou o universo como uma obra matemática. Essa matemática descreveria como torrões de poeira se agregam e tornam-se quentes o suficiente para que reações de fusão nuclear comecem a gerar energia, os elementos e assim por diante. Tudo isso é apenas matemática. E por fim, há 6 mil anos, Deus ficou farto e disse, 'isso é um bocado entediante, vou criar alguma coisa real agora' e balançou sua varinha e no mesmo instante coisas reais apareceram".

"Eu imaginei então, 'como a ciência lidaria com isso? O que existe na ciência que distinguiria a era pré-criação da pós-criação?'. Não existe nada. A Química é escorada na Física e esta, por sua vez, na Matemática. Portanto, não existe nada na ciência que diria algo sobre o momento da criação".

"Pensei, então, que se alguém chegasse com a crença de que a criação aconteceu cerca de 6 mil anos atrás, teríamos uma saída fácil. Há 6 mil anos, Deus criou o universo e antes disso tudo o que havia eram equações matemáticas. Isso não é não científico. Isso não vai de encontro a nada no nosso léxico científico atual. Eu gosto de usar a palavra *acientífico*. Ciência nada tem a dizer sobre tudo isso, pelo menos a ciência no seu estágio atual. Existem coisas sobre as quais somos de fato profundamente ignorantes. Essa é uma delas: a matemática é apenas uma ferramenta para descrever o mundo ou ela é o mundo? Nós podemos discutir o assunto, mas não há nada científico que possamos dizer a respeito."

Eu peço a Tim outros exemplos para os quais preenchemos as lacunas no nosso conhecimento científico com crenças, e ele menciona o Big Bang. "Essa é uma situação para a qual não temos meios para distinguir entre uma solução do tipo divina e uma científica. A menos que encontremos uma teoria melhor, talvez uma na qual existisse uma era anterior."

Ele está, evidentemente, pensando em sua própria teoria, que põe fim à divisão entre lei inicial e equação diferencial, que físicos usam atualmente. Em vez disso, argumenta Tim, deveríamos descrever o universo e todas as coisas nele usando arranjos de matéria no universo em todos os tempos e na sua totalidade. A geometria desse arranjo poderia levar a novos entendimentos sobre quais configurações de partículas são ainda possíveis e qual a probabilidade de que elas se repitam.

Essa ideia levou Tim à teoria na qual o universo não teria começo nem fim. A matemática para essa estrutura atemporal de uma lei natural é fractal, um padrão de variedade infinita no qual grandes escalas assemelham-se às menores, mas nunca se repetem exatamente. Nesse fractal, o nosso universo atravessa eras semelhantes entre si, mas que nunca se repetem exatamente. O universo teria feito isso por uma eternidade e continuará a fazê-lo para sempre.

"Eu não faço isso para me livrar de Deus", comenta Tim. "É somente como as coisas são. É assim que a física funciona, você faz a matemática e encontra o que descobre."

"Ou seja, não teria um Big Bang, mas sim um ciclo?", perguntei então.

"Bem", diz ele, "a palavra *ciclo* tem essa conotação de repetição, e eu não acreditaria nisso. Em certo sentido o universo é cíclico: vai de um Big Bang a um Big Crunch (Grande Colapso), daí a um novo Big Bang e depois a um outro Grande Colapso, indefinidamente. No entanto, eu penso nisso como um caminho em um espaço de estados, que significa um espaço onde cada ponto é uma configuração do universo;

portanto, é um espaço de altas dimensões. Nesse espaço de estados você desenha o caminho desse universo de múltiplas eras. A teoria nos diz que o caminho está contido em uma região finita do espaço de estados e é um fractal. É o que se esperaria se o universo como um todo fosse um sistema dinâmico caótico. Isso significa que poderia existir um universo no passado ou no futuro muito semelhante ao universo atual no tempo presente. Penso frequentemente sobre isso: se você se angustia com uma decisão tomada e se martiriza por isso, 'por que eu fiz isso?', então não se preocupe, porque chegará uma era na qual você se deparará com a mesma situação e poderá tomar a decisão correta."

"E chegará uma era na qual tomará uma decisão ainda pior", eu brinquei.

Ele assente sem esboçar um sorriso. "Você poderia tomar uma decisão ainda pior. Outra coisa que me ocorre é que se você perder um companheiro, talvez não seja para sempre. Ele pode voltar em uma era futura."

Eu sei que isso parece absurdo, mas é compatível com todo o conhecimento atual.

A RESPOSTA RÁPIDA

Nós usamos a matemática para descrever nossas observações, mas não sabemos por que uma parte da matemática descreve a realidade e outras partes dela não. Dessa forma, alguém pode atribuir um momento da criação especificamente à matemática que descreve o que observamos, um momento no qual ela, a matemática, torna-se real. Um evento de criação assim não é, por definição, observável – do contrário já teria sido descrito pela matemática – e é, portanto, compatível com a ciência.

POR QUE NINGUÉM NUNCA FICA MAIS JOVEM?

A ÚLTIMA PERGUNTA

No conto "A última pergunta", de Isaac Asimov, publicado em 1956, um homem ligeiramente embriagado, chamado Alexander Adell, fica seriamente preocupado com o suprimento de energia do universo. Ele argumenta que, enquanto a energia em si é conservada, a parcela útil dela acabará inevitavelmente. Os físicos chamam essa energia útil, aquela que provoca mudanças, de *energia livre*. Energia livre é o contraponto da entropia. Quando a entropia aumenta, a energia livre diminui e mudanças se tornam impossíveis.

No conto de Asimov, Adell, um pouco zonzo, tem a esperança de superar a segunda lei da termodinâmica, que diz basicamente que

A entropia não pode diminuir. Ele aborda um poderoso computador automático, chamado Multivac, perguntando: "Como podemos diminuir a quantidade líquida de entropia do universo?". Depois de uma pausa, o Multivac responde: "DADOS INSUFICIENTES PARA UMA RESPOSTA QUE FAÇA SENTIDO".

A preocupação de Adell – a segunda lei da termodinâmica – nos é familiar, mesmo que nem sempre percebamos isso claramente. É uma das primeiras lições da nossa infância: as coisas quebram e algumas delas não podemos consertar. Não é somente a xícara favorita da mamãe que acaba sofrendo esse destino. No final das contas, tudo se quebrará sem conserto: seu carro, você, o universo todo.

A nossa experiência de que coisas quebram irreversivelmente parece estar em desacordo com o que discutimos anteriormente, que as leis fundamentais da natureza apresentam reversibilidade temporal. A disparidade, nesse caso, não pode ser simplesmente jogada no colo dos sentidos humanos falíveis, pois observamos a irreversibilidade em muitos sistemas mais simples do que os cérebros.

As estrelas, por exemplo, formam-se a partir de nuvens de hidrogênio, fundem esses átomos em núcleos atômicos mais pesados e emitem a energia resultante na forma de partículas (em sua maioria fótons e neutrinos). Quando não sobra mais nada para fundir, a estrela apaga, ou, em alguns casos, se desintegra em uma supernova. No entanto, nós nunca vimos o contrário acontecer. Nunca observamos uma estrela apagada que engoliu fótons e neutrinos e que então dividiu núcleos pesados em hidrogênio antes de se espalhar em nuvens gasosas. E o mesmo acontece para inúmeros outros processos na natureza: carvão queima e ferro enferruja, urânio decai. No entanto, nunca vimos o oposto ocorrer.

Superficialmente, parece mesmo uma contradição. Como é que leis reversíveis temporalmente podem originar a irreversibilidade temporal evidente que observamos? Para entender como isso é possível, precisamos definir melhor o problema. Todos os processos que eu acabei de descrever são reversíveis temporalmente no sentido de que podemos resolver matematicamente a lei de evolução voltando no tempo

Por que ninguém nunca fica mais jovem?

para recuperar o estado inicial. Em outras palavras, o problema não é que não podemos ver o filme de trás para frente, mas sim que, quando fazemos isso, imediatamente nos damos conta de que algo não está certo. Cacos de vidro pulam de volta para formar a janela, pneus de um carro pegando tiras de borracha da estrada, gotas de chuva pulando guarda-chuva de volta para o céu. A matemática permite isso, mas claramente não é o que observamos.

Esse desencontro entre nossas expectativas teóricas e intuitivas vem do esquecimento de um segundo ingrediente necessário para explicar as observações. Além da lei de evolução, precisamos de uma condição inicial e nem todas essas condições são estabelecidas igualmente.

Suponha que você queira preparar a massa para fazer um bolo. Coloca farinha na tigela, adiciona açúcar, uma pitada de sal, talvez um pouco de extrato de baunilha. Então você acrescenta manteiga, quebra alguns ovos, despeja um pouco de leite. Ao misturar os ingredientes, eles rapidamente se transformam em uma substância uniforme e indefinida. Quando isso acontece, a massa não muda mais. Continuando a mexer a massa, você ainda movimenta moléculas de lá para cá, mas na média a massa permanece a mesma. Tudo está tão misturado quanto possível e pronto. Basicamente, o nosso universo vai terminar assim também: tão misturado quanto possível, sem novas mudanças na média.

Na Física, nós chamamos um estado que não muda na média, como a massa de bolo, de *estado de equilíbrio*. Estados de equilíbrio alcançaram seu máximo de entropia, não sobrando energia livre. Por que a massa de bolo entra em equilíbrio? Porque é o mais provável de acontecer. Ao ligar a batedeira é possível misturar os ovos na farinha, mas muito improvável que eles se separem. Isso também aconteceria sem uma batedeira, pois as moléculas nos ingredientes não ficam inteiramente paradas, mas a mistura da massa demoraria muito mais.[31] A batedeira age como um botão de avanço rápido.

A mesma coisa vale para os outros exemplos: eles são prováveis de acontecer apenas em um sentido do tempo. Quando os cacos da janela quebrada caem no chão, seus chamados momentos lineares se

A ciência tem todas as respostas?

dispersam em leves oscilações no chão e ondas de choque no ar, mas é incrivelmente improvável que as oscilações no chão e no ar poderiam em algum momento sincronizar da maneira necessária para catapultar os cacos de volta para a janela. Claro, matematicamente isso é possível, mas na prática é tão improvável que nunca vimos isso acontecer.

O estado de equilíbrio é aquele que é provável de ser alcançado e o estado que é provável de ser alcançado é aquele de entropia máxima. Essa é justamente a definição de entropia. A segunda lei da termodinâmica, portanto, é quase tautológica. Ela diz meramente que é mais provável um sistema fazer o mais provável, isto é, aumentar sua entropia. A lei é apenas *quase* tautológica porque podemos calcular a relação entre entropia e outras quantidades mensuráveis (como pressão ou densidade), tornando a relaxação para o equilíbrio algo quantificável e predizível.

Soa como uma banalidade dizer que coisas prováveis são prováveis de acontecer. Vasos quebram irreversivelmente porque é improvável que eles sejam inquebráveis. Ah, é mesmo? Essa não é exatamente uma revelação profunda. No entanto, se você avançar com essa ideia, ela revelará um grande problema. Um sistema pode evoluir para um estado mais provável somente se o estado anterior era menos provável. Em outras palavras, é preciso começar por um estado que não está em equilíbrio, para começo de conversa. A única razão pela qual é possível preparar uma massa de bolo é porque você tem ovos, manteiga e farinha e esses ingredientes não estão inicialmente em equilíbrio entre si. As únicas razões pelas quais você pode operar uma batedeira é que você não está em equilíbrio com o ar na sua cozinha[32] e o Sol não está em equilíbrio com o espaço interestelar. A entropia em todos esses sistemas não é nem remotamente tão alta quanto poderia ser. Em outras palavras, o universo não está em equilíbrio.

Por que é assim? Nós não sabemos, mas temos um nome para isso: é a *past hypothesis* (hipótese do passado). Essa hipótese diz que o universo começou por um estado de baixa entropia – um estado muito pouco provável – e daí em diante a entropia só aumentou. A entropia continuará a aumentar até que o universo alcance seu estado mais provável, no qual nada mais se modificará em média.

A entropia pode, por ora, permanecer baixa em algumas partes do universo, como em nossa geladeira ou, de fato, em nosso planeta como um todo, desde que essas partes de baixa entropia sejam alimentadas com energia livre vindo de outros lugares. O nosso planeta recebe atualmente a maior parte de sua energia livre do Sol, um pouco do decaimento de materiais radioativos e um pouquinho da velha e boa gravidade. Nós aproveitamos essa energia livre para fazer mudanças: nós aprendemos, crescemos, exploramos, construímos e consertamos. Talvez em algum momento do futuro sejamos bem-sucedidos em criar energia de fusão nuclear, o que expandiria nossa capacidade de provocar mudanças. Desse modo, se usarmos habilmente a energia livre disponível, talvez possamos manter a entropia baixa e nossa civilização com vida por bilhões de anos. Mas no fim a energia livre vai acabar mesmo.

É por isso que o universo tem um sentido em direção ao futuro, a *seta do tempo*, o sentido em que a entropia aumenta, apontando para um caminho e não a outro. Esse aumento da entropia não é uma propriedade das leis de evolução. Essas leis são temporalmente reversíveis. Acontece que, em um sentido, as leis de evolução levam de um estado improvável para outro mais provável e essa transição é o que provavelmente aconteça. No sentido inverso, a lei iria de um estado provável para outro improvável e isso quase nunca acontece.

Então, por que ninguém nunca fica mais jovem? Os processos biológicos envolvidos no envelhecimento e o que os causam ainda são objetos de pesquisa, mas, falando informalmente, nós envelhecemos porque nossos corpos acumulam erros que são prováveis de acontecer, mas improváveis de serem revertidos espontaneamente. Mecanismos de reparação celular não podem corrigir esses erros indefinidamente e com fidelidade perfeita. Então, lentamente, um pouquinho de cada vez, nossos órgãos passam a funcionar com menor eficiência, nossa pele vai se tornando menos elástica e as feridas saram um pouco mais lentamente. Podemos desenvolver uma doença crônica, demência ou câncer. Por fim, algo se quebra e não pode mais ser consertado. Um órgão vital desiste de funcionar, um vírus vence nosso sistema imunológico enfraquecido, ou um coágulo interrompe o fornecimento de oxigênio para o cérebro. Podemos encontrar muitos diagnósticos diferentes nos certificados de óbito, mas eles são meros detalhes. O que realmente mata é o aumento de entropia.

* * *

Até aqui resumi apenas a explicação mais aceita atualmente para a seta do tempo, que é a de que é a consequência do aumento de entropia e da hipótese do passado.[33] Precisamos agora discutir sobre o que realmente sabemos e o quanto é especulação.

A hipótese do passado – que diz que o estado inicial do universo tinha baixa entropia – é uma suposição necessária para que nossas teorias descrevam o que observamos. É uma boa explicação na medida do possível, mas atualmente não temos uma explicação melhor, por isso postulamos essa. A questão do por que um estado inicial foi o que foi não pode ser respondida com as teorias que temos por enquanto. O estado inicial foi *alguma coisa*, mas não conseguimos explicar o estado inicial em si; só podemos examinar se um estado inicial específico tem o poder de explicação e dá origem a previsões que concordem com as observações. A hipótese do passado é boa no sentido de que explica o que vemos. No entanto, para explicar o estado inicial com algo mais do que um estado inicial mais antigo ainda, precisaríamos de um tipo diferente de teoria.

Os físicos, obviamente, levaram adiante tais teorias diferentes. Na cosmologia cíclica de Roger Penrose,[34] por exemplo, a entropia do universo só é destruída no fim de cada era e, com isso, a era seguinte começa novamente em um estado de entropia baixa. Isso de fato explica a hipótese do passado, mas o preço a ser pago é que a informação também é destruída para sempre. Sean Carroll[35] imagina que universos novos de baixa entropia são criados a partir de um multiverso maior, um processo que pode acontecer indefinidamente. Julian Barbour[36] supõe que o universo começou de um "ponto de Janus" no qual o sentido do

Por que ninguém nunca fica mais jovem?

tempo muda, portanto existiriam realmente dois universos começando no mesmo instante de tempo. Ele argumenta que a entropia não é a grandeza certa a ser considerada e que estaríamos em melhor situação se pensássemos, em vez disso, sobre complexidade.

Você provavelmente sabe o que eu diria em seguida: essas ideias todas são boas e estão bem, obrigado, mas não estão apoiadas em evidências. Sinta-se à vontade para acreditar nelas, tampouco acho que exista alguma evidência contra elas, mas lembre-se de que a essa altura elas são apenas especulações.

Eu tenho sim, no entanto, uma grande simpatia pelo argumento de Julian Barbour. Não tanto pelo fato de que, segundo Barbour, o tempo muda de sentido (sobre o que não tenho opinião formada), mas porque eu também não acho que a entropia seja muito útil para descrever o universo como um todo. Para ver isso melhor, primeiro tenho que contar sobre a matemática que eu varri para debaixo do tapete com a vaga expressão "na média".

★ ★ ★

A entropia é formalmente uma declaração sobre as configurações de um sistema que deixam algumas propriedades macroscópicas inalteradas. Para a massa de bolo, por exemplo, podemos nos perguntar quantas maneiras existem para colocar as moléculas (do açúcar, da farinha, ovos e assim em diante) numa tigela de modo a obter uma massa uniforme. Cada um desses arranjos específicos de moléculas é chamado de *microestado* do sistema. Um microestado é a informação completa sobre a configuração, por exemplo, a posição e a velocidade de cada molécula.

A massa uniforme, por outro lado, é o que chamamos de *macroestado*. É ao qual me referi anteriormente, de maneira informal, como sendo a média que não se modifica. Um macroestado pode ocorrer com muitos microestados, que são similares de algum modo específico. Na massa, por exemplo, os microestados são todos similares pelo fato de que os ingredientes são distribuídos aproximadamente de maneira uniforme. Escolhemos esse macroestado porque não é possível distinguir uma distribuição aproximadamente uniforme de moléculas de outra distribuição qualquer na massa. Para nós, elas são basicamente a mesma distribuição.

O estado inicial, no qual os ovos estão próximos à manteiga e o açúcar por cima da farinha, também é um macroestado, mas é muito diferente da massa e é possível distinguir claramente o estado antes da mistura do estado após a mistura dos ingredientes. Para conseguir o estado antes da mistura, você precisou colocar as moléculas nas regiões corretas: as moléculas dos ovos estão nos ovos, as de manteiga no lugar onde foi colocada a manteiga e assim por diante. As moléculas estão ordenadas nesse estado inicial, ao passo que depois de misturá-las essa ordenação desaparece. Por isso o aumento da entropia é muitas vezes descrito como a destruição da ordem.

A definição matemática de *entropia* é um número atribuído a um macroestado: o número de microestados que podem dar origem a ele. Um macroestado que é originado de muitos microestados é provável, portanto, sua entropia é alta. Um macroestado originado comparativamente de poucos microestados é, por outro lado, improvável e tem entropia baixa. A massa misturada, na qual as moléculas estão aleatoriamente distribuídas, tem um número de microestados muito maior do que o dos ingredientes iniciais não misturados. Portanto, a massa misturada tem alta entropia, enquanto para a não misturada ela é baixa.

Para dar uma imagem de por que é assim, suponha que temos apenas dois ingredientes e não temos 10^{25} ou mais moléculas, mas apenas 36, metade delas de farinha e a outra de açúcar. Eu as desenhei em uma grade, marcando cada molécula de farinha com um quadrado cinza e cada uma de açúcar com um quadrado branco (Figura 4). De início, as duas substâncias estão nitidamente separadas: farinha embaixo e açúcar em cima (Figura 4a). Agora simulemos a batedeira mudando aleatoriamente as posições de quadrados adjacentes, tanto horizontal quanto verticalmente. Eu desenhei o primeiro passo para ilustrar como isso se dá (Figura 4b).

Figura 4
Modelo simples de mistura: quadrados cinza para farinha e brancos para açúcar.
Misturar é trocar entre quadrados adjacentes de modo aleatório.

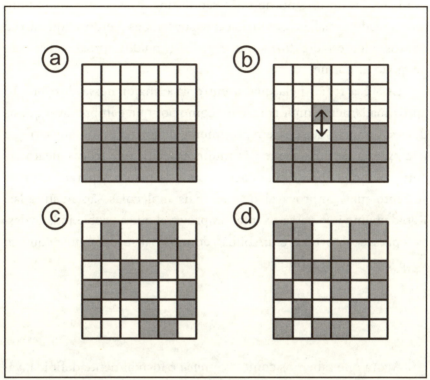

Ao continuarmos a trocar aleatoriamente os quadrados vizinhos, as moléculas acabarão, por fim, distribuídas aleatoriamente (Figura 4c). Essas moléculas não continuam sempre no mesmo lugar, mas elas permanecem igualmente misturadas. Após mais um pouco de mistura, talvez pareçam como na Figura 4d. Ou seja, um número grande de trocas aleatórias fornece a mesma distribuição média que seria obtida se jogássemos aleatoriamente as moléculas na tigela. Desse modo, em vez de pensar no que a batedeira faz exatamente, podemos apenas olhar para as diferenças entre as distribuições inicial e final.

Vamos então definir um macroestado da massa uniforme como sendo um em que os quadrados de açúcar e farinha estejam igualmente distribuídos acima e abaixo, digamos oito a dez moléculas de açúcar na metade superior (como nas Figuras 4c e 4d). O ponto relevante agora é que existem muito mais microestados que pertencem a esse macroestado do que àquele inicial, nitidamente separado. De fato, se as moléculas do mesmo tipo não são distinguíveis, existe apenas um microestado inicial, ilustrado no canto superior esquerdo, enquanto há muitos microestados finais que estão distribuídos aproximadamente de modo uniforme.

Essa é a razão pela qual a entropia é maior nessa distribuição aproximadamente uniforme, bem como por que é improvável que as duas substâncias se separem novamente de forma espontânea, o que necessitaria de uma sequência muito específica de trocas aleatórias entre as moléculas. A sequência requerida para a separação torna-se tanto mais improvável quanto mais moléculas são misturadas. Rapidamente isso passa a ser tão improvável que a probabilidade dessa separação ocorrer em um bilhão de anos é absurdamente pequena, você jamais veria acontecer.

★ ★ ★

Agora que sabemos como a *entropia* é formalmente definida, vamos olhar mais de perto essa definição: a entropia conta o número de microestados que podem constituir um determinado macroestado. Note a palavra *podem*. O estado do sistema está sempre em apenas um microestado. A afirmação de que "pode" estar em qualquer outro estado é contrafactual e se refere a estados que não existem na realidade, mas apenas matematicamente. Nós os consideramos somente porque não sabemos exatamente qual é o estado real no qual o sistema se encontra.

A entropia é na verdade, portanto, uma medida de nossa ignorância e não uma medida para o estado real do sistema. Ela quantifica quais as diferenças entre microestados que pensamos não serem importantes. Nós não achamos que a distribuição específica de moléculas na massa seja algo interessante, de modo que juntamos todas elas em um macroestado e declaramos que é de "alta entropia".

Esse tipo de raciocínio faz todo o sentido, quando queremos calcular com que rapidez um sistema evolui para um dado macroestado. Consequentemente, a noção de entropia funciona bem para todos os propósitos para os quais foi inventada: máquinas a vapor, ciclos de refrigeração, baterias, circulação atmosférica, reações químicas e assim por diante. Sabemos empiricamente que ela descreve muito bem nossas observações desses sistemas.

Esse raciocínio, no entanto, é inadequado se quisermos entender o que acontece com o universo como um todo e isso se dá por três razões. Primeiro, para mim a mais importante, é inadequado porque nossa noção de que um macroestado já define implicitamente o que queremos dizer por *mudança*. Um estado que alcançou a entropia máxima, de acordo com nossa definição de macroestado, ainda se modifica (podemos ainda mover a massa de um lado para o outro na tigela, mesmo que ela já esteja no ponto). Porém, de acordo com as teorias vigentes, essa mudança é irrelevante. Não sabemos, no entanto, se isso continuará assim em teorias que possamos desenvolver no futuro.

Eu ilustro o que isso significa na Figura 5. Você pode imaginar as imagens como sendo dois possíveis microestados do fim do universo, dez solitárias moléculas aleatoriamente distribuídas no espaço vazio. Se o primeiro microestado, à esquerda, mudar para o segundo, à direita, você não chamaria isso de uma grande mudança. Você faria uma média deles, juntando-os no mesmo macroestado.

Figura 5
Exemplo de estados que parecem, superficialmente, aleatórios e muito similares, mas na realidade são altamente ordenados e muito diferentes entre si.

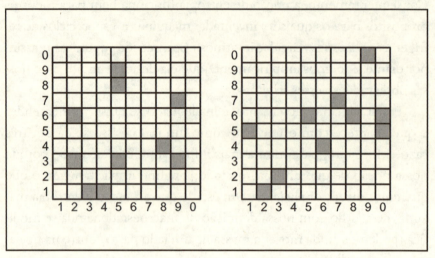

Porém, vamos atentar para as localizações das partículas na grade. No exemplo da esquerda, elas estão localizadas em (3,1), (4,1), (5,9), (2,6), (5,3), (5,8), (9,7), (9,3), (2,3) e (8,4). No exemplo da direita, elas estão em (0,5), (7,7), (2,1), (5,6), (6,4), (9,0), (1,5), (3,2), (8,6), e (0,6). Os super nerds[37] entre vocês irão reconhecer imediatamente essas sequências como sendo os primeiros 20 dígitos de π e de γ (a constante de Euler-Mascheroni). As distribuições dessas partículas podem parecer similares a nossos olhos, mas alguém com a habilidade de perceber as sequências das distribuições poderia claramente distingui-las, pois são criadas por dois algoritmos completamente diferentes.

É claro que esse exemplo é uma construção *ad hoc* e não aplicável a nossas teorias atuais, mas ilustra uma perspectiva geral. Quando juntamos estados "similares" em um macroestado, precisamos de uma noção de "similaridade". Derivamos essa noção das teorias vigentes, baseadas no que nós mesmos entendemos por similar. Portanto, mudar a noção de similaridade modifica a noção de entropia. Para emprestar os termos cunhados por David Bohm, a *ordem explícita*, que teorias atuais quantificam, poderia um dia revelar a *ordem implícita*, que não percebemos até agora.[38]

Essa é a principal razão pela qual, para mim, não devemos confiar na segunda lei da termodinâmica para tirar conclusões sobre o destino do universo. Nossa noção de entropia é baseada em como compreendemos o universo hoje e não acho que isso seja fundamentalmente correto.

Existem ainda duas razões adicionais para sermos céticos em relação a argumentos sobre a entropia do universo. Uma é a de que contarmos microestados e comparar os números deles torna-se complicado se a teoria apresenta infinitos microestados, como é o caso para todas as teorias de campos no contínuo. É possível definir a entropia nesses casos, mas é questionável se ela segue sendo uma grandeza significativa. Geralmente é uma má ideia comparar infinito com infinito, porque o resultado depende de como definimos a comparação, portanto qualquer conclusão que obtenhamos de tais exercícios tornam-se ambíguos.

Finalmente, não sabemos de fato como definir entropia para a gravitação ou para o espaço-tempo, mas essa entropia desempenha um papel da maior importância na evolução do universo. Você pode ter notado que, de acordo com as teorias vigentes, a matéria no universo começou como um plasma distribuído quase uniformemente. O plasma teria então uma baixa entropia segundo a hipótese do passado. Eu disse anteriormente, no entanto, que a massa de bolo uniforme tinha alta entropia. Como compatibilizamos as duas coisas?

Isso passa a ser compatível se levarmos em conta o fato de que a gravitação torna extremamente improvável o plasma quase uniforme de alta densidade do universo primordial. A gravidade tenta aglomerar coisas, mas por alguma razão elas não estavam aglomeradas quando o universo era jovem. Por isso o estado inicial tinha baixa entropia. Uma vez que o universo passa a evoluir no tempo, o plasma, com certeza, começa a aglomerar-se, formando estrelas e galáxias, pois isso é o que é provável acontecer. Esse processo não acontece com a massa de bolo, porque a força gravitacional não é suficientemente intensa para uma quantidade tão pequena de matéria de densidade comparavelmente baixa. É devido ao papel diferente da gravidade que a massa e o universo primordial são casos distintos e um deles tem alta entropia e o outro baixa entropia.

No entanto, para quantificar esse caso, teríamos que entender como atribuir entropia à gravidade. Embora os físicos tenham feito algumas tentativas nesse sentido, nós ainda não entendemos realmente como fazê-lo, pois não sabemos como quantizar a gravidade.

Por essas razões, eu pessoalmente acho que a segunda lei da termodinâmica é altamente suspeita e não acredito que as conclusões a partir dela seguirão válidas, quando entendermos melhor como gravidade e mecânica quântica funcionam juntas.

★ ★ ★

No conto de Asimov, o universo esfria e escurece gradualmente. A última estrela se extingue. A vida, como a conhecemos, deixa de existir e é sucedida por uma consciência cósmica, mentes desencarnadas que abrangem galáxias e vagam livremente pelo espaço. O AC Cósmico, a última e maior versão da série Multivac, recebe novamente a tarefa de responder como diminuir a entropia. Novamente, de maneira estoica, responde: "OS DADOS AINDA SÃO INSUFICIENTES PARA UMA RESPOSTA QUE FAÇA SENTIDO".

No final das contas, os últimos seres conscientes se fundem com o AC, que agora reside no "hiperespaço" e é "feito de alguma coisa que não é nem matéria, nem energia". Finalmente, ele termina sua computação.

> A consciência do AC[39] tinha englobado tudo o que uma vez havia sido o universo e pairava sobre o que agora é Caos. Passo a passo, isso precisava ser feito. E AC disse, "QUE SE FAÇA A LUZ!" E, então, fez-se a luz.

O PROBLEMA DO AGORA

O maior erro de Einstein não foi a constante cosmológica e nem sua convicção de que Deus não joga dados. Não, o seu maior erro foi o que disse ao filósofo Rudolf Carnap sobre o Agora,[40] com o *a* maiúsculo.

Por que ninguém nunca fica mais jovem?

"O problema do Agora", escreveu Carnap em 1963, "preocupou Einstein profundamente. Ele explicou que a experiência do Agora significa algo especial para o homem, algo diferente do passado e do futuro, mas que essa diferença importante não ocorre e nem pode ocorrer na física".

Eu chamo isso de o maior erro de Einstein porque, diferentemente da constante cosmológica e suas preocupações sobre o indeterminismo, esse suposto problema do Agora ainda confunde filósofos e também alguns físicos.

O problema é frequentemente apresentado como exposto a seguir. A maioria de nós experimenta um momento presente, que é um momento especial do tempo, diferentemente do passado e do futuro. No entanto, se você escrever as equações que governam o movimento de, digamos, alguma partícula através do espaço, então essa partícula é descrita, matematicamente, por uma função para a qual nenhum momento é especial. No caso mais simples, a função é uma curva no espaço-tempo, o que quer dizer apenas que o objeto muda sua posição com o tempo. Qual momento, então, é o Agora?

Podemos argumentar acertadamente que, enquanto só exista uma partícula, nada está acontecendo e, portanto, não é surpresa que nenhuma indicação de mudança apareça na descrição matemática. Contudo, se, pelo contrário, a partícula colidir com alguma outra, ou mudar de direção abruptamente, então esses instantes podem ser identificados como eventos no espaço-tempo. Esse "acontecer algo" parece ser o requisito mínimo para falarmos significativamente de mudança e dar algum sentido ao tempo. Infelizmente, isso ainda não nos diz se a mudança acontece Agora com a partícula ou em algum outro momento.

Agora então o quê?

Alguns físicos, como Fay Dowker, argumentaram que contabilizar nossa experiência do Agora requer a substituição da teoria vigente[41] do espaço-tempo por uma outra. David Mermin alegou que isso significa que é preciso uma revisão da mecânica quântica.[42] Além disso, Lee Smolin declarou ousadamente que a matemática em si é o problema.[43] Smolin argumenta, corretamente, que a matemática não descreve

79

A ciência tem todas as respostas?

objetivamente um momento presente, mas nossa experiência de um momento presente não é objetiva e, sim, subjetiva. Indo além, afirma que essa subjetividade poderia ser descrita matematicamente.

Não me entendam mal. Parece-me provável que um dia tenhamos que substituir as teorias vigentes por outras melhores. No entanto, somente o entendimento da nossa percepção do Agora não requer tudo isso. As teorias atuais podem dar conta da nossa experiência, precisamos lembrar apenas que seres humanos não são partículas elementares.

A propriedade que nos permite ter a experiência do momento presente como sendo diferente de qualquer outro momento é a memória. Nós temos uma memória imperfeita dos eventos no passado e nenhuma dos eventos futuros. A memória requer um sistema de alguma complexidade com muitos estados, que são claramente distinguíveis e estáveis por longos períodos de tempo. Nosso cérebro tem essa complexidade, mas para entender melhor o que acontece é útil deixar a consciência de lado. Podemos fazer isso porque memória não é exclusiva de sistemas conscientes. Muitos sistemas mais simples do que cérebros humanos também têm memória, assim vamos dar uma olhada em um deles, a mica.

A mica é uma classe de minerais naturais, alguns deles existem há mais de 1 bilhão de anos. A mica é macia para um mineral. Pequenas partículas, provavelmente oriundas de decaimento radioativo em rochas vizinhas, passando através dela, podem deixar traços permanentes. Essa característica torna a mica um detector natural de partículas. Físicos de partículas, aliás, têm usado amostras antigas de mica para buscar traços de partículas raras. Esses estudos continuam inconclusivos, mas não são a questão central aqui. Eu menciono isso apenas porque a mica, apesar de seguramente ter baixos níveis de consciência, claramente tem memória.

As memórias na mica não se esvaem como as nossas. No entanto, como nós, a mica tem memória do passado e não do futuro. Isso significa que, em um momento particular qualquer, ela tem informação sobre o que se passou, mas nenhuma informação sobre o que está por acontecer. Seria um exagero dizer que a mica tem experiências de algum tipo, mas ela mantém um registro do tempo, ela conhece o Agora.

Com a mica podemos aprender que, se quisermos descrever um sistema pela sua memória, olhar somente para o tempo próprio, como fizemos em capítulo anterior, não é suficiente. Para cada momento do tempo próprio precisamos perguntar: "de que tempos o sistema tem memória?". Pelo fato de que essa memória termina abruptamente no tempo próprio em si, cada momento em que isso ocorre é especial.

Caso isso soe confuso, imagine sua percepção do tempo como uma coleção de fotografias em diferentes estágios de desbotamento. O momento que você chama Agora é a fotografia que está menos desbotada. Quanto mais desbotada a fotografia, de mais distante no passado ela vem. Não temos fotografias do futuro. A cada momento, o Agora é a nossa foto mais nítida e recente, com uma longa fila de retratos atrás dela e um branco para o futuro.

Essa é, evidentemente, uma descrição muito simplificada da memória humana. A nossa memória real é bem mais complicada do que isso. Para começar, nós retemos algumas memórias e outras não, temos vários tipos de memórias diferentes para distintos propósitos e, às vezes, acreditamos ter lembranças de coisas que não aconteceram. Contudo, essas sutilezas neurológicas não são importantes aqui. O que importa é que o momento presente é especial porque é uma posição proeminente na nossa memória. E o momento seguinte também é especial: em cada momento nossa percepção do mesmo momento se sobressai.

É por isso que nossa experiência do Agora é perfeitamente compatível com o universo em bloco no qual passado, presente e futuro são igualmente reais. Cada momento é subjetivamente especial naquele exato instante, mas, objetivamente, isso é verdade para todos os momentos.

Podemos ver, portanto, que a origem do problema do Agora não está na física e nem na matemática, mas na falha da distinção entre a experiência subjetiva de estar imerso no tempo e a natureza atemporal da matemática que usamos para descrevê-lo. De acordo com Carnap, Einstein falava sobre "a experiência do Agora que representava algo especial para o homem". Sim, ela significa algo especial para o homem, representa algo especial para todos os sistemas que armazenam memória. No entanto, isso não significa, e certamente não é necessário, que exista um momento presente que seja especial na descrição matemática. Objetivamente, o Agora não existe, mas subjetivamente percebemos cada momento como especial. Einstein não devia ter-se preocupado tanto.

A conclusão, por favor me perdoem, é que Einstein estava errado. É possível descrever a experiência humana do momento presente com a matemática "atemporal" que usamos para as leis físicas e isso nem ao menos chega a ser difícil. Ninguém precisa desistir da interpretação padrão da mecânica quântica para isso ou mudar a teoria da relatividade geral, ou, ainda, reformular a matemática. Não existe o problema do Agora.

Carnap, a propósito, respondeu às preocupações de Einstein sobre o Agora exatamente como eu acabei de fazer. Carnap lembra que comentou com Einstein que "tudo o que ocorre objetivamente pode ser descrito pela ciência", mas que as "peculiaridades das experiências humanas em relação ao tempo, incluindo as diferentes atitudes frente ao passado, presente e futuro, podem ser descritas e explicadas (em princípio) pela psicologia".

Eu diria que isso é explicado pela neurobiologia, acrescentando que a biologia é, em última instância, baseada na física (caso isso lhe incomode, você vai apreciar especialmente o próximo capítulo). Mesmo assim, concordo com Carnap que é importante distinguir descrições matemáticas objetivas sobre um sistema das experiências subjetivas de ser parte do sistema.

* * *

Portanto, não há o problema do Agora. Todavia, a discussão sobre a memória é útil para ilustrar a relevância do aumento da entropia para a nossa percepção de uma seta do tempo. Eu disse na seção anterior por que avançar no tempo parece diferente de voltar nele, mas não por que é o sentido do aumento da entropia que percebemos como esse avanço. A mica ilustra o porquê.

A razão pela qual a mica não tem memória do futuro é que criar sua memória aumenta a entropia. Uma partícula atravessa o mineral e desloca do lugar uma antes bem alinhada sequência de átomos. Os átomos permanecem deslocados porque parte da energia que os tirou do lugar se dispersa em movimentos térmicos e, quem sabe, algumas ondas sonoras. Nesse processo, a entropia aumenta. O processo reverso precisaria de flutuações no mineral para formar e emitir uma partícula que recuperasse perfeitamente o traço deixado no mineral. Isso diminuiria a entropia e é, portanto, incrivelmente improvável de acontecer. A razão pela qual nós vemos um registro no mineral é que esse processo é simplesmente improvável de ser revertido espontaneamente.

A formação da memória no cérebro humano é consideravelmente mais difícil do que nesse exemplo. Porém, no final das contas, também é um caso de estados de baixa entropia que deixam um rastro em nosso cérebro. Digamos que você tenha na memória o dia da sua formatura. É provável que esse evento esteja no passado e tenha sido criado pela luz que atingiu sua retina. Seria inacreditavelmente improvável que, ao invés disso, o evento ocorresse no futuro e de alguma forma sugasse a memória de seu cérebro. Coisas assim simplesmente não acontecem, e a razão para isso é que a entropia aumenta apenas em um sentido do tempo.

É claro que no longo prazo uma entropia ainda maior acabará apagando toda memória.

★ ★ ★

Em resumo, nem a nossa experiência de uma seta do tempo, nem a de um momento presente requer modificações nas teorias que atualmente utilizamos. É óbvio que alguns físicos, mesmo assim, têm proposto leis diferentes que sejam de fato irreversíveis temporalmente, mas tais modificações são desnecessárias para explicar as observações hoje disponíveis. Por tudo que sabemos, o universo em bloco é a atual descrição da natureza.

Muitas pessoas sentem-se incomodadas, quando se dão conta pela primeira vez que as teorias de Einstein implicam que o passado e o futuro são tão reais quanto o presente e que o momento presente é especial apenas subjetivamente. Talvez você seja um dos que se sintam incomodados. Se for esse o caso, vale a pena combater seu incômodo, porque a recompensa é perceber que nossa existência transcende a passagem do tempo. Nós sempre fomos, e sempre seremos, crianças do universo.

CÉREBROS. NO ESPAÇO VAZIO.

Todos retornaremos
No final dos tempos
Como um cérebro em um tonel, flutuando ao redor
E puramente espírito
— Sabine Hossenfelder, "O gato de Schrödinger"[44]

A compreensão(!) de que a realidade não é mais do que uma construção sofisticada, que nossas mentes produzem a partir das recepções de dados sensoriais e que a nossa percepção dela pode por isso se modificar se os dados mudam, acabou acolhida na cultura popular. Um exemplo são filmes como *Matrix* (no qual o protagonista é criado em uma simulação computacional apenas para descobrir que a realidade é bem diferente) e *A Origem* (no qual os protagonistas lutam para encontrar meios de separar sonho de realidade), ou ainda *Cidade das Sombras* (no qual as memórias são ajustadas sempre à meia-noite). Tais relatos, ainda assim, evitam sugerir que, no final das contas, a realidade não existe. São lugares que nem Hollywood se atreveria a ir.

Não é uma ideia nova essa de que você seria simplesmente um cérebro isolado em um tonel ou uma cuba, ou em um universo vazio, com percepções sensoriais que criam a ilusão de ser um humano no planeta Terra. A ideia de que não podemos ter certeza de nada, além do fato de que existimos é uma filosofia antiga chamada *solipsismo*. O primeiro registro escrito considerando essa possibilidade vem da filosofia grega, como acontece tão frequentemente. No caso, trata-se do filósofo Górgias, que viveu há aproximadamente 2.500 anos. O solipsismo, no entanto, é mais comumente associado a René Descartes, que o resumiu com "Penso, logo existo", acrescentando que, sobre todas as outras coisas ele não poderia ter certeza.

Você talvez tenha tido a esperança de que a física nos livraria desse dilema, mas ela não consegue. Na verdade, a física torna-o pior. E isso se deve ao fato de que, na minha formulação sobre o aumento da entropia, omiti um detalhe inconveniente: a entropia nem sempre aumenta e quando ela diminui, coisas bizarras acontecem.

Vamos olhar novamente o nosso modelo simplificado da mistura da massa de bolo com 36 quadrados. Imagine que tenhamos alcançado um estado de alta entropia, um macroestado *uniforme* com oito a dez quadrados cinzas na metade superior. Acontece, porém, que se continuarmos a trocar aleatoriamente os vizinhos, o estado não permanecerá para sempre uniforme. De vez em quando, apenas por coincidência, haverá apenas sete moléculas de açúcar na metade superior. Continuando a fazer as trocas, chega-se a um momento em que teremos apenas seis. É muito difícil que permaneça assim por muito tempo e provavelmente em breve voltará ao estado uniforme. Porém, se você continuar misturando teimosamente, finalmente haverá apenas cinco, quatro, três, dois, um, ou até mesmo nenhum quadrado cinza na metade superior. Assim retornamos toda a trajetória para o estado inicial. Parecerá assim que a entropia diminuiu.

Parecer isso não é um erro, é assim que a entropia funciona. Depois de maximizá-la, alcançando um estado de equilíbrio, a entropia pode, por acaso, diminuir de novo. Pequenas flutuações fora do equilíbrio são prováveis, enquanto as grandes não o são. Uma diminuição substancial da entropia na mistura de uma massa real é tão improvável que não seria possível observá-la, mesmo que você a estivesse misturando desde o Big Bang. No entanto, se a mexesse por tempo suficiente, os ovos finalmente se juntariam e a manteiga formaria uma porção novamente. Tampouco isso é uma especulação puramente matemática, pois a diminuição espontânea da entropia pode sim ser observada, e de fato já o foi, em sistemas pequenos. Já foi observado, por exemplo, como pequenos grânulos na água ganham energia de movimentos aleatórios de moléculas de água. Esse fenômeno desafia temporariamente a segunda lei da termodinâmica.[45]

Essas flutuações da entropia originam o seguinte problema. Se juntarmos tudo o que sabemos sobre o universo, parece mesmo que ele continuará expandindo por um tempo infinito. O universo torna-se então mais e mais monótono com o aumento da entropia. Finalmente, quando todas as estrelas estiverem mortas, toda a matéria estiver colapsada em buracos negros e estes tiverem evaporado, o universo conterá apenas uma tênue distribuição de radiação e partículas, que ocasionalmente se chocam entre si.

Esse, no entanto, não é o fim da história, pois infinito é realmente muito tempo. Em um tempo infinito, qualquer coisa que *possa* acontecer *irá* acontecer finalmente, não importando sua improbabilidade.

O significado disso é que nesse universo monótono e de alta entropia, haverá regiões onde a entropia diminuirá espontaneamente. A maioria delas será pequena, mas um dia ocorrerá uma grande flutuação, com a qual as partículas formarão, digamos, coincidentemente, uma molécula de açúcar. Esperando um pouco mais, conseguiremos uma célula inteira. Esperando ainda mais, finalmente um cérebro totalmente funcional brotará dessa sopa de alta entropia, que viverá o tempo suficiente para pensar "aqui estou", para logo depois desaparecer, varrido pelo aumento da entropia. Por que irá desaparecer? Porque isso é o mais provável que aconteça.

Essas flutuações de baixa entropia autoconscientes são os *cérebros de Boltzmann*, chamados assim em homenagem a Ludwig Boltzmann, que, no final do século XIX, desenvolveu a noção de entropia que hoje usamos na física. Isso foi antes do aparecimento da mecânica quântica e Boltzmann estava preocupado com as flutuações puramente estatísticas em conjuntos de partículas. Flutuações quânticas, no entanto, aumentam o problema. Com essas flutuações, objetos de baixa entropia (cérebros!) podem surgir até do vácuo, para logo depois desaparecer novamente.

Você pode imaginar que cérebros flutuando para a existência seria esticar demais a corda e não estaria sozinho com essa dúvida. O físico Seth Lloyd[46] disse o seguinte sobre os cérebros de Boltzmann: "eu acredito que eles não passariam pelo teste de Monty Python,* parem com isso! É totalmente absurdo!". Ou ainda, como me disse Lee Smolin: "Por que cérebros? Por que ninguém pensa em fígados surgindo de flutuações?". Bom argumento. No entanto, eu me junto a Sean Carroll,[47] penso que os cérebros de Boltzmann têm algo útil a nos ensinar sobre cosmologia.

A questão sobre os cérebros de Boltzmann não é tanto sobre os cérebros em si, mas sim que a possibilidade de flutuações tão grandes leva a previsões que não estão em acordo com nossas observações. Lembremos que quanto menor a entropia, menos prováveis são as flutuações. A entropia precisa ser baixa o suficiente para explicar as observações que fizemos até agora. Isso corresponde, no mínimo, ao seu cérebro com todas as informações coletadas durante toda sua vida. E a teoria prevê, então, com uma probabilidade impressionante, que a próxima coisa que você observará é o desaparecimento do planeta Terra com a entropia relaxando de volta para o equilíbrio. Bem, isso obviamente não aconteceu, não está acontecendo agora, simplesmente ainda não aconteceu. Nesse meio tempo, falseamos exaustivamente a previsão.

Não é, certamente, uma boa coisa que uma teoria leve a previsões que não estão de acordo com as observações. Alguma coisa está errada, mas o quê? As lacunas no nosso entendimento da entropia, que mencionei anteriormente (gravitação, campos contínuos), ainda persistem, mas existe também outra suposição no argumento do cérebro de Boltzmann, que seria a provável culpada. Essa suposição é que nem todos os tipos de leis de evolução levariam a todas as flutuações possíveis.

---

* N.T.: O teste se refere a uma cena do filme *A vida de Brian*, do grupo inglês Monty Python. Na cena, Brian (personagem confundido com Jesus Cristo) está cercado pelo povo que insiste que ele é o profeta, pois só um profeta verdadeiro negaria ser um profeta.

A ciência tem todas as respostas?

Uma teoria na qual qualquer tipo de flutuações acaba ocorrendo é chamada de uma teoria *ergódica*. O pequeno modelo de mistura da massa de bolo que usamos é ergódico, bem como os modelos que Boltzmann e seus contemporâneos usavam. Infelizmente, é uma questão em aberto se as teorias em uso hoje em dia nos fundamentos da física são ergódicas.

Físicos, há 150 anos, estavam interessados em partículas que se chocam entres si e mudam de direção, fazendo perguntas do tipo "quanto tempo leva para que todos os átomos de oxigênio se acumulem no canto da sala?". Essa é uma boa pergunta (resposta: muito, mas muito tempo mesmo, não se preocupe), mas para falar sobre a criação de algo tão complexo como o cérebro, precisamos que as partículas se mantenham unidas. Os físicos diriam que elas precisam formar *estados ligados*. Prótons, por exemplo, são estados ligados de três quarks, mantidos juntos pela força nuclear forte. Estrelas também são estados ligados, elas estão ligadas gravitacionalmente. Partículas quicando umas contra as outras não são suficientes para criar um universo que se pareça com o que de fato observamos. Além disso, ninguém sabe ainda se a gravidade e a força nuclear forte são ergódicas, portanto, não há contradição no argumento do cérebro de Boltzmann.

Podemos, na verdade, ler o argumento de trás para frente e concluir que ao menos uma das nossas teorias fundamentais não pode ser ergódica. Por isso que eu acho que os cérebros de Boltzmann são interessantes, pois eles dizem algo sobre as propriedades que as leis da natureza precisam ter. No entanto, você não precisa ficar preocupado com a ideia de ser um cérebro solitário no espaço vazio, pois se fosse, quase certamente já teria desaparecido. Se já não desapareceu, então será agora. Ou agora...

* * *

Os cérebros de Boltzmann são dispositivos teóricos para induzir um argumento por contradição (se as leis da natureza fossem ergódicas, então nossas observações seriam incrivelmente improváveis), mas você quase certamente não é um cérebro desses. No entanto, eu acho que existe uma mensagem mais profunda no enorme rastro de artigos que os cérebros de Boltzmann deixaram na literatura científica.

Os fundamentos da física aproximam o nosso olhar para a realidade, mas quanto mais próximo olhamos, mais traiçoeira ela se torna. O nosso intenso uso da matemática é a principal razão disso. Quanto mais a descrição fundamental da natureza se afasta da nossa experiência cotidiana, maior será a dependência no rigor matemático. Essa dependência traz consequências. Usar a matemática para descrever a realidade significa que as mesmas observações podem ser explicadas de modo equivalente de diferentes maneiras. Isso é assim simplesmente porque existem muitos conjuntos de axiomas matemáticos que levam a exatamente as mesmas previsões para os dados disponíveis. Desse modo, se você quiser designar uma das suas observações como "realidade", não saberia qual delas seria.

Por exemplo, nos tempos de Isaac Newton, argumentar que a força gravitacional é real não seria algo controverso. Essa força era uma ferramenta matemática extraordinariamente útil para calcular qualquer coisa, desde a trajetória de uma bala de canhão até a órbita da Lua. No entanto, mais tarde veio Albert Einstein, que nos ensinou que o efeito que chamamos de gravidade é causado pela curvatura do espaço-tempo e não por uma força. Isso significa que a força gravitacional deixou de existir com Einstein? Se assim fosse, implicaria que o que é real depende do que os humanos acreditam ser real. A maioria dos físicos não gostaria de ir por esse caminho.

Figura 6
Lebre ou pato?

Bem, você poderia dizer que não é que a força gravitacional deixou de existir com Einstein, na verdade ela nunca existiu. Cientistas antes de Einstein estavam então todos errados! Nesse caso não se pode alegar que alguma coisa nas nossas teorias atuais seja real, pois algum dia elas podem ser substituídas por outras melhores. Espaço? Elétrons? Buracos negros? Radiação eletromagnética? Não seria permitido chamar nada disso de real. Novamente, a maior parte dos cientistas iria recusar uma noção de realidade como essa.

Mesmo deixando de lado o problema de iminentes mudanças de paradigma, ainda é ambígua a escolha da matemática usada para descrever as observações, pois em física temos teorias *duais*. Duas teorias que sejam duais descrevem os mesmos fenômenos observáveis de formas matemáticas completamente diferentes. Teorias duais são como o desenho que, dependendo do ponto de vista, pode ser tanto uma lebre quanto um pato (Figura 6). O desenho é realmente de uma lebre ou de um pato?[48] Na verdade, é apenas uma linha preta sobre um fundo branco que pode ser interpretada de um jeito ou de outro.

O exemplo mais famoso na física é a *dualidade calibre-gravidade*. Trata-se de uma equivalência matemática que conecta uma teoria gravitacional em altas dimensões (com um espaço-tempo curvo) a uma teoria de partículas com uma dimensão a menos e sem gravidade (isto é, um espaço-tempo plano). Ambas as teorias apresentam receitas para calcular quantidades mensuráveis (como, por exemplo, a condutividade de um metal). Os elementos matemáticos das teorias (gravidade ou partículas) são diferentes, as receitas são diferentes, mas as predições são exatamente as mesmas.

É, no entanto, um pouco controverso se a dualidade calibre-gravidade de fato descreve algo que observamos no universo. Muitos teóricos de cordas acreditam que sim. Eu também acredito que há uma boa chance de que descreva corretamente certos tipos de plasma que são duais para tipos particulares de buracos negros (ou os buracos negros são duais para certo tipo de plasma?). Contudo, se essa teoria dual em particular descreve corretamente ou não a natureza, está um pouco fora de questão aqui. A mera possibilidade de teorias duais sustenta

Por que ninguém nunca fica mais jovem?

a conclusão elaborada a partir da ameaça de iminentes mudanças de paradigma: não podemos atribuir "realidade" a nenhuma formulação teórica em particular (as várias interpretações diferentes da mecânica quântica são outro exemplo disso, mas me permita postergar essa discussão para o capítulo "Existem cópias de nós mesmos?").

Os filósofos propuseram, por causa de dores de cabeça como essa, uma variante do realismo chamada *realismo estrutural*. Essa variante propõe que é a estrutura matemática da teoria que é real, e não alguma formulação particular dela. Seria, numa analogia, o contorno do desenho lebre-pato. A teoria da relatividade geral de Einstein contém estruturalmente o que antes era chamada de *força gravitacional*, pois podemos derivar essa força em uma aproximação chamada *limite newtoniano*. Não é porque esse limite nem sempre é uma boa descrição das observações (ele deixa de funcionar para velocidades próximas à da luz e quando o espaço-tempo é extremamente curvo) que ele não é real.

No realismo estrutural, podemos chamar as forças gravitacionais de reais, mesmo que sejam apenas aproximações. Podemos também chamar o espaço-tempo de real, mesmo que possa vir a ser substituído por algo mais fundamental, uma grande rede, quem sabe? Independentemente de qual for a nova teoria, ela terá que reproduzir nos limites adequados a estrutura que usamos atualmente. Tudo isso faz sentido.

Se eu fosse uma realista, seria uma realista estrutural, mas não sou assim. A razão disso é que não posso excluir a possibilidade de ser um cérebro em uma cuba e que todo o meu suposto conhecimento sobre as leis da natureza não passa de uma ilusão sofisticada. Eu poderia ser capaz de raciocinar e concluir que seria implausível ser uma flutuação de um universo de resto indefinido. Isso estaria de acordo com tudo que aprendi na minha vida, mas, mesmo assim, isso ainda não prova que exista algum universo além do meu cérebro. Solipsismo pode ser chamado de filosofia, mas surgiu a partir de um fato biológico. Estamos sozinhos em nossas cabeças e, pelo menos por ora, não temos a possibilidade de inferir diretamente a existência de qualquer coisa além dos nossos pensamentos.

Ainda assim, mesmo afirmando que nunca poderei estar inteiramente segura de qualquer coisa além da minha própria existência, penso que o solipsismo é uma filosofia um tanto inútil. Talvez você não exista e é apenas uma ilusão que escrevi este livro, mas se não pudermos distinguir ilusão de realidade, por que se importar em tentar? A realidade é certamente uma boa explicação que está à mão. Eu lidarei com as minhas observações como se fossem reais, concedendo a possibilidade, caso alguém pergunte, de que não estou absolutamente certa se este livro ou o leitor de fato existem.

A RESPOSTA RÁPIDA

Nós ficamos mais velhos porque isso é o mais provável de acontecer. As teorias vigentes são bem descritas pela natureza de sentido único do tempo e nossa percepção do Agora. Alguns físicos consideram que as explicações disponíveis não são satisfatórias e, certamente, vale a pena buscar por outras melhores. No entanto, não temos razões para achar que isso é necessário ou mesmo possível. Se você quiser acreditar que é um cérebro numa cuba, tudo bem, mas me pergunto que diferença isso faria.

SOMOS APENAS SACOLAS CHEIAS DE ÁTOMOS?

O QUE SOMOS NÓS?

Alguns palestrantes, me disseram, lidam com a ansiedade de falar em público imaginando uma plateia toda nua. Não sei quanto a você, mas eu prefiro imaginar os presentes separados em elementos químicos (Figura 7).

Figura 7
Principais constituintes atômicos do corpo humano por percentagem de massa. Não está em escala.

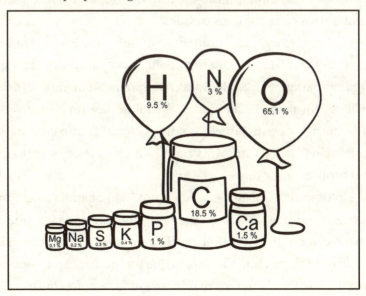

O corpo humano é constituído por cerca de 60% de água, fazendo com que a plateia seja, antes de qualquer coisa, apenas um monte de oxigênio e hidrogênio. Eu a imagino flutuando para longe com um sopro. Depois, eu considero cada pessoa uma jarra grande de carbono, um dos principais componentes de proteínas e gorduras. Somente o carbono corresponde a cerca de 18% do corpo humano, aproximadamente 15 quilos para um adulto de estatura média. Além disso, temos um outro gás, o nitrogênio (3%), alguns frascos menores para cálcio (1,5%) e fósforo (1%), bem como doses menores de potássio, enxofre, sódio e magnésio. É mais ou menos isso que os humanos são: coleções basicamente indistinguíveis de elementos químicos.

Mesmo que esse exercício de imaginação não funcione para você vencer a ansiedade, talvez ajude a refletir sobre a origem dos seus átomos. O universo não começou com os elementos químicos à disposição, exceto para o caso do hidrogênio, que foi criado alguns minutos após o Big Bang, pois para criar todos os outros é necessária uma pressão substancial. Elementos pesados só puderam ser gerados depois que as estrelas passaram a ser formadas a partir das nuvens de hidrogênio sob efeito da gravidade. A pressão gravitacional nessas nuvens em colapso acendeu, por fim, à fusão nuclear, que funde núcleos atômicos leves em outros cada vez mais pesados.

No entanto, chega um momento em que a estrela fundiu tudo o que havia para ser fundido. No fim de suas vidas, a maioria das estrelas se apaga calmamente, mas algumas colapsam rapidamente para depois explodirem, tornando-se *supernovas*. A explosão de uma supernova espalha o interior da estrela pelo cosmo. Livres do ambiente frenético das estrelas, os núcleos atômicos capturam seus elétrons, tornando-se átomos propriamente ditos.

A explosão de supernova, ainda assim, não aniquila inteiramente uma estrela, deixando atrás um remanescente, que pode ser uma estrela de nêutrons ou um buraco negro. Estrelas de nêutrons são grandes bolhas de matéria nuclear, tão densas que por pouco não colapsam em buracos negros. Os elementos mais pesados,[49] tais como ouro ou prata, só podem se formar em um ambiente particularmente violento, como nas fusões de estrelas de nêutrons. Nessas fusões, os núcleos pesados também são expelidos e distribuídos pelas galáxias, onde capturam seus elétrons, tornando-se átomos.

Alguns desses átomos se juntam para formar pequenas moléculas ou até mesmo grãos microscópicos, a *poeira cósmica*. A poeira se mistura em nuvens de hidrogênio e hélio, que continuam vagando pelo espaço desde o Big Bang, enquanto a gravidade segue agindo. Quando as nuvens ficam muito densas, irão colapsar novamente, dando origem a novas estrelas, sistemas solares, planetas e, eventualmente, vida nesses planetas.

Esse processo não é cíclico e, tanto quanto sabemos, não pode continuar indefinidamente. Em algum momento distante no futuro, estimado em cerca de 100 trilhões de anos a partir de agora,[50] o combustível nuclear remanescente do universo terá se esgotado definitivamente. Essa é uma das consequências do aumento da entropia, sobre a qual falamos no capítulo "Por que ninguém nunca fica mais jovem?". O universo só pode abrigar a vida durante um intervalo limitado de tempo.

No entanto, aqui estamos nós, feitos de átomos, que vieram diretamente do Big Bang ou que foram lançados no espaço interestelar por estrelas no final de sua fúria. Nós somos feitos de poeira cósmica, somos filhos das estrelas, e assim por diante, como descrito em um meme. Eu não ligo muito para a origem dos meus átomos, mas a essa altura do exercício de divagação eu normalmente já superei aquela minha ansiedade diante do público.

MAIS É MAIS

É preciso de algo a mais, além de partículas, para formar um ser consciente?

Eu descobri que muitas pessoas rejeitam inconscientemente a possibilidade de que a consciência humana advém das interações entre muitas partículas em seus cérebros. Elas parecem apegadas à ideia de que algo, de alguma forma, precisa ser diferente no caso da consciência. E, embora as pessoas com mentalidade científica não a chamem de alma, é isso que elas querem dizer. Elas buscam o misterioso, o inexplicável, o extra, que faria suas existências algo especial. Elas acham inconcebível que seus preciosos pensamentos sejam "meramente" consequências de um monte de partículas fazendo o que quer que seja que as leis da natureza ditam. Certamente, elas insistem, a consciência deve ser alguma coisa além disso. Uma pesquisa de opinião, realizada em 2019,[51] revela que 75,8% dos norte-americanos concordam com a ideia do *dualismo*, ou seja, que a mente humana é mais do que uma máquina biológica complicada. A porcentagem de dualistas é ainda mais alta, 88,3%, em Singapura.

Caso você esteja nessa maioria dualista, precisamos fazer um acordo antes de seguir em frente. Deixe de lado a crença de que a consciência requer algo Extra, que a física não consegue dar conta, e ouça o que tenho a dizer. Eu prometo, em troca, que vou te deixar em paz, caso você, depois de ler este livro, continue insistindo que a mente humana é isenta das leis da natureza.

Dito isso, preciso informar, sendo eu uma física de partículas, que as evidências disponíveis apontam que o todo é a soma das partes, nem mais, nem menos. Incontáveis experimentos confirmaram por milênios que as coisas são feitas de outras menores e se soubermos o que as pequenas coisas fazem, saberemos o que as maiores realizam. Não há uma única exceção a essa regra e nem existe ao menos uma teoria para uma exceção assim.

Da mesma maneira que a história de um país é consequência do comportamento de seus cidadãos e de suas interações com o entorno, o comportamento desses cidadãos é consequência das propriedades e interações das partículas de que são feitos. Essas duas hipóteses resistiram a todos os testes aos quais foram submetidas até agora. Portanto, como cientista, eu as aceito, não como verdades definitivas, pois poderão ser revistas algum dia, mas por ser o melhor conhecimento disponível até o momento.

Somos apenas sacolas cheias de átomos?

Muitos acham que o comportamento de um objeto composto (você, por exemplo) ser determinado pelo comportamento de seus constituintes, isto é, as partículas subatômicas, é um mero posicionamento filosófico. Chamam isso de reducionismo ou *materialismo,* ou ainda, às vezes, de *fisicalismo*, como se encontrar um nome que termina em *ismo* faça com que, de alguma forma, a ideia desapareça. No entanto, o reducionismo – de acordo com o qual o comportamento de um objeto pode ser deduzido ("reduzido a", como diriam os filósofos) das propriedades, comportamento e interações de suas partes – não é uma filosofia, e sim um dos fatos mais bem estabelecidos sobre a natureza.

Entretanto, não sou uma reducionista linha dura. Nosso conhecimento sobre as leis da natureza é limitado, muito ainda não é entendido, e o reducionismo pode falhar de maneiras sutis que discutirei depois. Todavia, é preciso aprender as leis antes de poder quebrá-las.

Na ciência, nossas regras são baseadas em fatos. E é um fato que nunca observamos um objeto composto de muitas partículas, cujo comportamento tenha falseado o reducionismo, embora isso pudesse ter acontecido inúmeras vezes. Nunca vimos uma molécula que não tivesse as propriedades esperadas, dado o que sabemos sobre os átomos que a constituem. Nunca encontramos um fármaco que causasse efeitos descartados pela sua composição molecular. Nós também nunca produzimos um material cujo comportamento estivesse em conflito com a física das partículas elementares. Se você diz "holismo", eu ouço "bobagem".

Nós certamente conhecemos muitas coisas que não podemos prever atualmente, pois nossas habilidades matemáticas e ferramentas computacionais são limitadas. O cérebro humano médio, por exemplo, contém cerca de mil trilhões de trilhões de átomos.[52] Não é possível calcular, mesmo com o mais poderoso supercomputador disponível, como todos esses átomos interagem para criar pensamentos conscientes. Mas também não temos razões para pensar que isso não seria possível. Pelo que conhecemos hoje, se tivéssemos um computador grande o suficiente, nada nos impediria de simular um cérebro, átomo a átomo.

97

Por outro lado, é desnecessário supor que sistemas compostos – cérebros, sociedades, o universo como um todo – apresentam algum tipo de comportamento que não é derivado do comportamento de seus constituintes. Nenhuma evidência aponta nesse sentido. É tão desnecessário quanto a hipótese de Deus; não está errado, mas é acientífico.

Isso pode ser um choque para alguns dos leitores. Philip Anderson – um ganhador do Prêmio Nobel! – afirma o contrário,[53] quando cunhou o bordão "Mais é diferente"? Ele afirmou isso de fato, mas não é porque um Prêmio Nobel diz algo que isso significa que seja verdade.

★ ★ ★

Até cerca de 50 anos atrás, os físicos descreviam um sistema em diferentes níveis de resolução com modelos matemáticos diferentes. Eles usariam, por exemplo, um conjunto de equações para descrever a água, depois outro conjunto para suas moléculas e ainda outras equações para os átomos e seus constituintes. Esses diferentes modelos matemáticos eram independentes entre si.

Lá pela metade do século XX, no entanto, físicos começaram a conectar formalmente esses diferentes modelos. Eu digo *formalmente* por que as derivações matemáticas, na maior parte dos casos, não podem ainda ser realizadas, pois os cálculos são simplesmente muito difíceis. Mas os físicos têm agora um procedimento bem definido para derivar, digamos, as propriedades da água a partir das propriedades dos átomos. O procedimento é chamado de *coarse-graining* (granulometria grossa) e, apesar da matemática ser complicada, a ideia é conceitualmente simples.

Considere que você está descrevendo um sistema com alta resolução, que significa levar em conta muitas estruturas finas a pequenas distâncias. Imagine, por exemplo, um mapa topográfico que mostre não apenas onde estão os cumes das montanhas e os vales, mas também as ondulações no asfalto e as pedras nos campos. Para planejar uma caminhada, um mapa assim mostra muitos detalhes que são desnecessários.

Para conceber um mapa mais apropriado para seu propósito, você poderia colocar uma matriz de quadrados de, digamos, 100 metros de lado sobre o terreno e usar valores médios para cada quadrado. Fazer isso significa descartar informação, mas seria uma informação desnecessária para o caso.

Granulometria grossa na física é uma versão mais complicada dessa tomada de médias no mapa, é um método para descartar informações desnecessárias. Na física, o tamanho do quadriculado é frequentemente chamado de *cutoff* (corte) e a tarefa é encontrar um modelo aproximado, que seja preciso o suficiente na resolução dada pelo corte, adicionando pequenas correções para os detalhes deixados de fora. Se você jogar fora definitivamente as pequenas correções abaixo do tamanho do corte, terá o que os físicos chamam de um **modelo efetivo**. Esse modelo não é fundamentalmente correto, pois, como no caso do mapa médio, faltam informações, mas é bom o suficiente no nível de resolução no qual você está interessado.

Os exemplos mais conhecidos de modelos efetivos são as descrições volumétricas de gases e líquidos em termos de grandezas como temperatura, pressão, viscosidade, densidade, entre outras. Essas descrições fazem uma média dos detalhes moleculares. Existem muitos outros modelos efetivos[54] que usamos na física. Em um modelo efetivo, os objetos e grandezas de interesse não são, tipicamente, os mesmos da teoria subjacente, aliás nem fariam sentido nesta teoria. A condutividade de um metal, por exemplo, é uma propriedade do material que resulta do comportamento dos elétrons. Mas não faz sentido falar na condutividade de um elétron. Na verdade, o conceito de *metal* não faz sentido se estamos trabalhando com um modelo de partículas subatômicas. Um metal é um certo arranjo de muitas partículas pequenas.

Dizemos que tais propriedades e objetos, que têm um papel importante na teoria efetiva, mas não aparecem na teoria fundamental, são **emergentes**.[55] Propriedades e objetos emergentes podem ser derivados de, ou reduzidos a, alguma outra coisa. **Fundamental** é o oposto de emergente. Uma propriedade ou um objeto fundamental não pode

A ciência tem todas as respostas?

ser derivada de, ou reduzida a, nenhuma outra coisa. Dois outros termos que usarei a seguir é que as camadas mais fundamentais são as mais *profundas*, enquanto as emergentes são níveis *superiores*.

Praticamente tudo com que lidamos no cotidiano é emergente, isto é, uma propriedade ou objeto em um nível superior. A cor de um material (nível superior) emerge de sua estrutura atômica (nível mais profundo). O poder de um fármaco (nível superior) emerge de sua composição molecular (nível mais profundo) e esta emerge ainda da composição dos átomos da molécula (nível ainda mais profundo). O movimento de uma célula emerge dos arranjos e das interações de suas moléculas. A função de um órgão emerge das de suas células, e assim por diante.

O exemplo do mapa topográfico de granulosidade grossa ilustra como, no processo de deduzir propriedades emergentes, descartamos detalhes que estão a distâncias pequenas entre si. Por isso é que ir de um nível a outro acima na torre da teoria é uma via de mão única. É possível derivar as leis da hidrodinâmica (que descrevem o movimento dos fluidos) da teoria dos átomos. Não se pode, no entanto, deduzir a teoria atômica a partir da hidrodinâmica. Isso é assim porque na dedução de um modelo efetivo joga-se fora informação, que não é recuperada depois. Isso acontece geralmente na matemática, quando levamos alguns parâmetros para o infinito ou descartando pequenas correções. A tal torre da teoria, não sendo então uma via de mão dupla, não permite que possamos deduzir leis mais fundamentais ainda do que as que já temos. Se pudéssemos fazer isso, elas não seriam mais fundamentais! (Mas então como os físicos descobrem leis mais fundamentais? Sobre isso teremos a próxima entrevista com David Deutsch).

Na maior parte dos casos, atualmente nós não podemos realizar os cálculos matemáticos que seriam necessários para a granulosidade grossa. Por exemplo, ninguém consegue derivar as propriedades de uma célula a partir dos predicados dos seus átomos. De fato, até mesmo prever as propriedades das moléculas é difícil, como mostra

Somos apenas sacolas cheias de átomos?

o problema do enovelamento de proteínas. A matemática, para isso, é simplesmente complicada demais.

Não importa, no entanto, para nossos propósitos se podemos ou não realizar de fato o cálculo que conecta um nível profundo com um mais alto. Estamos interessados apenas no que podemos aprender da estrutura das leis da natureza. Portanto, o que importa é simplesmente que, de acordo com teorias bem estabelecidas, o nível mais profundo determina o que acontece nos níveis mais altos. Se alguém resolver agora afirmar o contrário, precisaria, no mínimo, explicar como isso seria possível. Como poderia ser uma teoria para metais, por exemplo, que não decorra da teoria para o conjunto de constituintes do metal? Caso você queira prosseguir com a ideia, este é o desafio a ser enfrentado.

Teorias emergentes não são, de modo algum, menos importantes do que as fundamentais. Aquelas tendem, efetivamente, a ser mais *úteis* exatamente *porque* ignoram detalhes irrelevantes. Teorias emergentes são, na maioria dos casos, a melhor explicação no seu nível de precisão. Entretanto, as únicas teorias fundamentais, que conhecemos hoje no nível mais profundo, são apenas o **modelo padrão das partículas elementares** e a relatividade geral de Einstein, que descreve a gravitação.

Daqui em diante vou me referir às áreas da física que estudam as leis fundamentais por *fundamentos da física*. Todo o resto emerge dessas leis fundamentais, aproximadamente nessa ordem: física atômica, química, ciência dos materiais, biologia, psicologia, sociologia. A maioria dos físicos, na qual me incluo, não acredita que as teorias fundamentais vigentes continuarão com esse *status* para sempre. É mais provável que essas teorias acabem sendo emergentes de uma outra de um nível ainda mais profundo.[56]

Retrospectivamente, pode parecer bastante óbvio que as disciplinas científicas estejam amarradas entre si dessa maneira. No entanto, não era assim que cientistas pensavam sobre a natureza durante a maior parte do século passado. De fato, além dos fundamentos da física, podemos encontrar ainda muitos que argumentam veementemente que todas as disciplinas científicas são igualmente fundamentais.

101

De uma certa maneira, isso tudo é uma tergiversação de termos. Eu uso o termo *fundamental* com o significado de "não pode ser derivada de outra teoria". Cientistas de outras disciplinas acham, às vezes, que menos fundamental significa menos importante e se sentem insultados. No entanto, os físicos não estão tentando depreciar outros cientistas ao apontar que tudo é feito de partículas, é que as coisas são simplesmente assim mesmo.

Eu disse que seria honesta, portanto devo acrescentar que alguns físicos ainda não acreditam que as leis da natureza são realmente reducionistas. Não tenho muito a dizer sobre isso, exceto que eu apresentei as evidências e você pode avaliá-las. A hipótese de que a natureza é reducionista é sustentada tanto por evidências observacionais – encontramos explicações sobre como um nível funciona ao irmos para outro mais profundo – quanto pelo entendimento mais recente de parte da matemática por trás disso.

Eu preciso abordar aqui, tendo dito o que disse, um equívoco comum sobre essa estrutura em camadas das leis da natureza, qual seja: aparentemente existiriam exemplos que contradizem o reducionismo. Digamos que você aperta um botão que liga o colisor de partículas, levando à colisão de dois prótons, que produzem um bóson de Higgs. Nessa sequência de ações, não teria sido a sua decisão, isto é, uma função de nível superior, que causou um evento em uma escala de distâncias muito menor, violando, portanto, a ideia dessa estrutura ordenada cuidadosamente? Outro exemplo comum é o de algoritmos computacionais, que ligam e desligam transistores, enquanto processam informação. Não seria o algoritmo que você programou, novamente uma função de nível superior, que controla os elétrons? Não seria difícil encontrar ainda uma abundância de outros exemplos similares.[57]

O equívoco nesses casos é sempre o mesmo. Não é porque é útil descrever certas propriedades ou comportamentos de um sistema (você ou o algoritmo do computador) em termos macroscópicos (motivações, código de computador), que a descrição macroscópica seja mais fundamental. Não é. Você poderia descrever perfeitamente um

Somos apenas sacolas cheias de átomos?

computador, incluindo os algoritmos, em termos de nêutrons, prótons e elétrons. Seria, é claro, uma descrição totalmente inútil.

Para provar que o reducionismo é falso, você precisaria, no entanto, mostrar que a descrição de um sistema em termos macroscópicos resulta em previsões *diferentes* daquelas advindas de uma descrição microscópica (e então realizar um experimento que demonstre que as previsões da descrição microscópica estão erradas). Ninguém conseguiu fazer isso. Insisto novamente que isso não é porque seja impossível. Talvez você possa tentar conceber um mundo no qual o comportamento dos átomos derive daquele dos planetas em vez do oposto, mas por tudo que conhecemos hoje, isso simplesmente não é o que acontece.

Para entender melhor essa torre de teorias, observe que a função de um objeto composto não advém somente de seus constituintes. Temos que conhecer também as interações entre eles, bem como suas correlações. Ou seja, precisamos da informação microscópica completa. O emaranhamento quântico, em particular, é realmente um tipo de correlação que interliga partículas, que pode abranger distâncias macroscópicas e ainda assim é uma propriedade definida no nível fundamental. Falaremos mais sobre emaranhamento posteriormente, mas deixemos anotado agora que ele não contradiz o reducionismo.

Em resumo, de acordo com as melhores evidências disponíveis, o mundo é reducionista: o comportamento de objetos compostos deriva do comportamento de seus constituintes, mas não temos a menor ideia de por que as leis da natureza são assim. Por que os detalhes a curtas distâncias não importam para distâncias maiores? Por que o comportamento de prótons e nêutrons no interior dos átomos não importa para as órbitas dos planetas? Como é possível que o que glúons e quarks fazem no interior dos prótons não afete a eficiência de fármacos? Os físicos têm um nome para essa desconexão, chama-se *desacoplamento de escalas*, mas nenhuma explicação para ela. Quem sabe nem exista uma explicação. O mundo tem que ser de um jeito e não de outro e, portanto, ficaremos sempre sem respostas para algumas perguntas sobre os *porquês*. Ou talvez esta questão do *porquê* particularmente nos aponte a falta ainda de um princípio mais abrangente, que conecte as diferentes camadas.

UM PASSO DE CADA VEZ

Caso você seja como eu, provavelmente pense em si mesmo como um objeto físico compacto, com os pés numa extremidade e a cabeça na outra. Essa imagem intuitiva, no entanto, não está baseada na realidade.

A composição física de nossos corpos muda constantemente. Nós trocamos algumas das partículas que nos compõem por novas toda vez que respiramos, bebemos ou comemos. Afinal de contas, para começo de conversa, é assim que crescemos. Ao longo de nossas vidas, reaproveitamos átomos que antes pertenciam a outros animais, plantas, solos ou bactérias, átomos criados no Big Bang ou em fusões estelares. Um estudo de datação por carbono, realizado em 2005, revelou que uma célula do corpo de um humano adulto tem em média apenas sete anos de idade. Enquanto algumas células permanecem conosco por praticamente toda a vida, células da pele são repostas a cada duas semanas[58] e outras, como as hemácias, são substituídas a cada dois meses.

Somos fisicamente, portanto, menos parecidos a objetos compactos, como sugerido pela nossa autoimagem, e mais análogos ao Navio de Teseu. Nesse paradoxo de 2.500 anos, o navio do herói grego Teseu é colocado em um museu. Com o passar do tempo, partes do navio estragavam ou apodreciam e, pedaço a pedaço, eram repostas por partes novas. Uma corda aqui, um remo ali ou um mastro acolá. No final, não havia mais nenhuma das peças originais. Os filósofos gregos então se perguntaram: "ainda é o mesmo navio?". Desse antigo debate nasceu o provérbio "ninguém entra no mesmo rio duas vezes, pois quando nele se entra novamente não é mais o mesmo rio, e o próprio ser já se modificou", atribuído geralmente a Heráclito.[59]

Somos apenas sacolas cheias de átomos?

A resposta depende, como acontece frequentemente, de como são definidos os termos na pergunta. O que significa *o navio* e como definimos *o mesmo*? Somente quando definimos essas expressões é que será possível responder à pergunta, para a qual existem diferentes respostas. Não se preocupe, não tenho a intenção de destrinchar 2.500 anos de filosofia e vou voltar logo para a física, mas é necessário dar o devido crédito aos antigos filósofos gregos, que entenderam há muito tempo que os objetos constituintes não são a única coisa relevante sobre isso. Mesmo depois de trocadas todas as peças, o projeto de construção do navio – a informação necessária para construí-lo – permanece o mesmo. Na verdade, você pode definir a informação como aquilo que não muda em relação ao navio, quando as peças são trocadas.

Com os humanos é muito parecido, pois são feitos de partículas e o comportamento delas determina nosso comportamento. No entanto, não é essa redução que torna os humanos, ou qualquer estrutura complexa, interessantes. O que os torna interessantes são as propriedades emergentes de nível superior: humanos caminham, falam e escrevem livros. Alguns deles se reproduzem, outros viajam à Lua. Jarros de químicos não fazem isso. A propriedade relevante dos humanos não está em nossos componentes, e sim em como esses são organizados; é a informação necessária para criar um ser humano, a informação que diz o que cada um pode fazer.

Não quero dizer que isso se resume ao código genético, pois o seu código genético por si só não define a pessoa que você é hoje. Eu me refiro a todos os detalhes necessários, que especificam como cada parte do seu corpo, cada uma das moléculas dele, interagem entre si. Isso inclui quaisquer pequenas (e grandes) experiências, que deixam marcas no seu cérebro, traços da comida que você comeu e ar que respirou, legados de doenças passadas, cicatrizes e machucados. O que te faz você é toda essa combinação. Sua identidade, o que quer que isso signifique exatamente, emerge de uma configuração de partículas que te constituem. Essas propriedades, por tudo que conhecemos, poderiam emergir de diferentes maneiras.

O cientista e filósofo canadense Zenon Pylyshyn ilustrou isso de um modo bacana com um experimento mental em 1980.[60] Imagine que você esteja perambulando através de seus pensamentos cotidianos usuais, perguntando-se se seria talvez hora de tomar um café. Agora imagine que alguém retira um de seus neurônios, substituindo-o por um chip de silício. O chip é projetado para responder aos impulsos vindos do resto do cérebro da mesma forma que o neurônio substituído. O chip realiza exatamente as mesmas funções que o neurônio que ele substituiu e se conecta aos outros neurônios perfeitamente. Isso mudaria alguma coisa na sua personalidade? Será que você se esqueceria do café e pediria um chá? Não. Por que a troca faria alguma diferença? No final das contas, nada mudou na maneira do seu cérebro processar informações. Ótimo, agora troque o próximo neurônio por outro chip e depois mais um. Dessa forma, trocando um a um os neurônios, seu cérebro é substituído por chips de silício, até que seja inteiramente feito deles. Você ainda seria a mesma pessoa?

Como no navio de Teseu, tudo depende de como você define *a pessoa* e *a mesma*. Em certo sentido, você argumentaria não ser a mesma pessoa, pois seria formado de componentes físicos diferentes. Ainda assim, não são esses componentes que nos importam. O que é relevante é a organização dos componentes. É a função que eles realizam que torna você interessante. Nesse sentido você é a mesma pessoa, ainda podendo realizar as mesmas funções, sendo tão interessante quanto era antes.

Mas seria realmente a mesma pessoa? Nesse ponto é que os físicos se tornam relevantes. Uma coisa é escrever que se pode substituir um neurônio por um chip sem qualquer mudança no funcionamento do cérebro. Se isso é realmente possível, é outra questão totalmente diferente. A expressão *a mesma* no experimento mental de Pylyshyn considera implicitamente que é possível trocar neurônios por chips sem que haja nenhuma diferença. Essa forte suposição é necessária para que o argumento funcione. Se uma molécula do seu café for substituída por uma de chá, o gosto seria o mesmo, seria uma diferença imperceptivelmente pequena. No entanto, se eu continuar a substituir, uma após a outra, as moléculas, você no fim sentiria a diferença. Um número

Somos apenas sacolas cheias de átomos?

grande de pequenas mudanças imperceptíveis pode acabar se tornando uma mudança perceptivelmente grande. Como podemos saber que não é isso que acontece com a troca dos neurônios?

A resposta óbvia é que não sabemos, afinal ninguém fez isso ainda. Mesmo assim, podemos nos perguntar o que seria possível, baseado em tudo que sabemos sobre física. Seria possível substituir um neurônio por alguma outra coisa, de modo que a substrutura, seja silício ou carbono, não faça diferença? Sim, é possível, pois, como discutido anteriormente, as escalas desacoplam. Podemos ignorar os detalhes nas distâncias pequenas para o comportamento emergente em distâncias maiores. Isso significa também que podemos trocar a física mais microscópica por uma outra, neurônios por chips, ou outra coisa qualquer, desde que o comportamento emergente seja o mesmo.

É claro que, como sempre, poderia haver algo de errado com as teorias vigentes que usamos e que o argumento falharia, portanto, devido a razões que ainda não conhecemos. O físico e prêmio Nobel Gerard 't Hooft,[61] por exemplo, argumentou que as observações que atribuímos à aleatoriedade quântica seriam, na realidade, devidas a ruídos que ainda não levamos em conta e que são causados por novos fenômenos nas distâncias pequenas. Se for assim, o desacoplamento de escalas poderia falhar. Talvez 'T Hooft esteja certo, mas por enquanto sua ideia é pura especulação.

Eu devo mencionar, para o bem da verdade, que não está inteiramente claro no presente momento se o cérebro é o único lar de nossa identidade, mas essa é uma complicação irrelevante para o argumento. Estudos têm mostrado, por exemplo, que pelo menos alguns aspectos da cognição humana são *incorporados*, ou seja, dependem de insumos de outras partes do corpo, como o coração e intestinos. Isso talvez seja uma má notícia para as pessoas que tiveram os cérebros congelados, na esperança de um dia ressuscitarem, mas não é relevante para a questão sobre se nossos constituintes podem ser trocados por peças físicas diferentes. Se a troca de neurônios no cérebro não desloca inteiramente sua cognição para uma plataforma de silício, imagine então que o resto do corpo também está sendo trocado.

A informação que nos define pode ser codificada de diferentes maneiras físicas. A possibilidade de que você poderia um dia fazer o *upload* de si mesmo para um computador e continuar a viver uma vida virtual está, indiscutivelmente, além da tecnologia atual. No entanto, ainda que pareça loucura, é perfeitamente compatível com o nosso conhecimento atual.

A RESPOSTA RÁPIDA

Você, eu, e todo o resto somos feitos de pequenas partículas constituintes e o que quaisquer objetos maiores como nós fazem é consequência do que suas muitas e pequenas partículas constituintes fazem. No entanto, as funções características de uma criatura ou objeto são dadas pelas relações e interações entre essas muitas partículas e não por elas em si. Por tudo que sabemos atualmente, seria então possível trocar a plataforma física de um ser ou objeto por outra coisa qualquer. Desde que essa troca mantenha as relações e interações que nos caracterizam, manteria também as funções, incluindo a consciência e a identidade.

OUTROS OLHARES 2

O CONHECIMENTO
É PREVISÍVEL?

Uma entrevista com *David Deutsch*

É ali, diz o motorista de táxi, apontando para um muro em ruínas. Atrás dele viceja uma vegetação que há muito não vê um jardineiro. Eu não tenho certeza de que seja o endereço correto, mas imagino que não seria uma caminhada longa daqui. Pago o motorista e me vejo em um ensolarado dia de outono. É uma rua quieta nos subúrbios de Oxford, onde busco por David Deutsch.

Uma olhada mais cuidadosa na casa à minha frente revela que este é de fato o endereço certo, e então caminho por uma passagem invadida por plantas. A porta é cercada por teias de aranha e mereceria uma nova pintura. Toco a campainha e não tarda muito para que David abra a porta.

Mesmo para uma pessoa com dificuldades de reconhecer rostos, David Deutsch é facilmente reconhecível. Seus olhos parecem grandes demais para o nariz afilado em um rosto magro e os cabelos, como para a maioria dos homens britânicos, é longo demais. Ele me recebe com um grande sorriso e me convida para entrar. Eu vejo que o interior da casa não está em melhores condições que o lado de fora, mas sendo uma mãe de duas crianças no ensino fundamental, estou acostumada a pisar cuidadosamente entre pilhas de brinquedos, livros e objetos não identificáveis. Essa habilidade torna-se útil agora.

David me leva para o que eu acredito ser a sala de estar. Nela se encontra um sofá em frente a uma enorme tela plana sobre uma mesa, algumas cadeiras dobráveis e estantes de livros (em uma delas o *Gravitation*, de Charles W. Misner, Kip S. Thorne e John Wheeler,

109

parece me saudar), ferramentas de jardinagem, um monte de caixas, cabos, acessórios de computador, uma cama elástica azul e uma cadeira de massagem japonesa vermelha. A cadeira de massagem é nova, entusiasma-se David, que demonstra suas várias funções. Preciso de toda a minha força de vontade para não pedir um espanador e um aspirador de pó. Em vez disso, aceito um copo d'água e procuro meu bloco de notas.

David Deutsch é mais conhecido por suas contribuições seminais para a computação quântica, pelas quais recebeu em 2017 a Medalha Dirac do Centro Internacional de Física Teórica, que foi acrescentada a uma longa lista de prêmios e honrarias. Mas eu não estou com ele para falar de computação quântica, e sim porque fiquei muito impressionada pelos seus livros de divulgação científica,[62] *A essência da realidade* e *O início do infinito*. Não apenas porque David é extremamente cuidadoso na exposição de sua fundamentação para pensar o que ele pensa. Ele também me impressiona como cientista, que está muito à frente de seu tempo, interessado não tanto pelas tecnologias atuais, quanto pela questão de como o conhecimento científico cresce, como ele beneficia a sociedade e, acima de tudo, o que afinal é o conhecimento. David parece-me a pessoa certa para consultar sobre os limites do reducionismo.

Eu começo por perguntar também se ele é religioso. Ele responde sem rodeios com um *não*. Ele parece não ter nada a acrescentar sobre isso, assim mudo para o reducionismo. "Do ponto de vista de um físico de partículas tudo é feito de pequenas partículas e, em princípio, tudo deriva disso. Você concorda com essa ideia ou pensa que existem algumas coisas que não podem ser reduzidas a suas partes?"

"Eu não concordo com o reducionismo como filosofia", David diz. "Isto é, eu não concordo com a ideia de que as únicas explicações corretas são as reducionistas."

"Só para deixar claro, a que tipo de reducionismo você se refere?", eu perguntei. Para a maioria dos propósitos, a distinção não importa, mas existem dois tipos de reducionismo. Um é o *reducionismo teórico*, que são os níveis de teorias, cujos mais altos podem ser derivados dos mais profundos, como discutido no capítulo anterior. O outro tipo é o *reducionismo ontológico*, que significa que obtemos explicações melhores ao irmos com a física para escalas cada vez menores. Essa distinção, entretanto, em geral não tem importância, pois historicamente têm andado de mãos dadas.

"Eu penso que ambas são falsas como princípios filosóficos", responde David. "Acontece, porém, que algumas das melhores teorias de todos os tempos têm sido reducionistas nos dois sentidos. Como exemplo temos a tabela periódica. Ela foi um dos triunfos explicativos do século XIX, que conectou todo tipo de explicações, incluindo a ideia, ressuscitada da antiguidade, de que a matéria não pode ser subdividida indefinidamente. Tal qual toda solução, trouxe novos problemas. Se os átomos não podem ser subdivididos, como é que eles têm propriedades diferentes? E por que essas propriedades são periódicas? Isso sugere que é preciso haver uma estrutura subjacente. É assim que eu encaro a física de partículas moderna. Ela é como a química era no século XIX. Talvez ao contrário da química naquele tempo, ela tenha um traço dessa filosofia reducionista de que apenas subdividindo coisas em outras menores poderá existir uma explicação... perdão, perdi o fio da meada. Fiquei tão animado com a tabela periódica, que esqueci a sua pergunta!"

"Você dizia que algumas das melhores teorias que temos são reducionistas nos dois sentidos".

"Ah, sim" – David retoma o fio da meada perdido –, "mas algumas outras não são. Por exemplo, a teoria da computação universal, segundo a qual todas as leis da física são, digamos, calculáveis por máquinas de Turing universais.* Em termos físicos, isso significa que existe um possível objeto físico, como esse computador, tal que o conjunto de todos os possíveis movimentos dele correspondam, um a um, em determinada aproximação, ao conjunto de todos os possíveis movimento de *todas* as coisas."

---

* N.T.: A máquina de Turing é um modelo abstrato, proposto pelo matemático Alan Turing (1912 -1954), que se tornou a base conceitual para os computadores. A máquina universal é a que consegue simular qualquer outra máquina.

A ciência tem todas as respostas?

Ele gesticula para o seu laptop e continua. "Ora, esta é uma afirmação poderosa sobre o universo e a maioria das leis físicas concebíveis não a satisfazem. Nós pensamos que as leis reais a satisfazem. E, no entanto, esse princípio se refere a uma coisa, o computador universal, que é extremamente composto e complexo. Portanto, se é um princípio fundamental[63] que todas as leis são calculáveis por uma máquina de Turing universal, então essa lei (da computação universal) não é reducionista e o reducionismo é falso justamente nisso. Essa lei diz que um objeto particular de nível elevado tem propriedades fundamentais. Acredito que haja margem para futuras leis desse tipo. Obviamente que aceitaremos essas leis apenas se forem boas explicações, mas que não sejam redutíveis não é uma crítica na minha opinião."

Ele acrescenta, "de modo similar, se uma lei é reducionista, isso tampouco é uma crítica. Algumas pessoas são o oposto, são holísticas. Elas acham que as explicações reducionistas nunca poderão ser fundamentais. Acredito que isso também seja falso."

"Você disse que tem esse computador, portanto tem um objeto de um nível elevado que possui propriedades fundamentais. Mas o que significa *fundamental* para você?"

"Eu quero dizer que existem princípios que pensamos ser profundos, verdades universais sobre o mundo e não apenas acidentalmente verdadeiras", diz David. "Tome, por exemplo, a afirmação de que existe um sistema solar com oito planetas e os três primeiros são rochosos. Nós sabemos que isso é verdade, porque vivemos em um sistema assim, mas não consideramos que isso seja uma afirmação fundamental. Por outro lado, pensamos que a lei de conservação de energia é uma verdade mais profunda. E, por ser mais profunda, essa lei é um guia para teorias futuras. Quando tentamos escrever novas leis que as partículas fundamentais poderiam obedecer, escrevemos tipicamente leis que seguem a conservação da energia. Tratamos essa conservação como um princípio que não precisa ser explicado por nenhum outro."

"Ou seja, é um princípio fundamental, mas não é reducionista, pois se aplica a tudo?"

Somos apenas sacolas cheias de átomos?

"Nós não deduzimos a conservação da energia de outras leis", explica David. "É da conservação que deduzimos outras leis. É claro que isso poderia ser falso. No entanto, para que seja falso, precisamos de uma explicação segundo a qual isso poderia ser falso. Por exemplo, existem algumas interpretações da relatividade geral nas quais a energia não é conservada. Se isso se revelar correto, precisaríamos abandonar esse princípio de conservação. Isso pode acontecer porque a relatividade geral não é totalmente satisfatória, como você sabe; nós precisamos de uma teoria de gravitação quântica."

Sugiro então que "talvez a razão pela qual não temos uma teoria da gravitação quântica é que estamos demasiadamente presos à ideia de que leis mais fundamentais podem ser encontradas analisando distâncias menores ainda. Buscar, então, analisar distâncias menores pode ser um caminho errado?".

"Sim, certamente!", David concorda. "Como você sabe, eu tenho essa teoria, a teoria construtora, na qual as leis fundamentais não são reducionistas. É uma teoria bastante crua no momento, mas você precisa primeiro arriscar o seu pescoço. Na teoria construtora, as leis microscópicas de nível baixo (profundo) são propriedades emergentes das leis de níveis mais altos e não vice-versa."

"Você já ouviu falar alguma vez de uma questão chamada de *princípio de exclusão causal*?"

"Não."

"O princípio parece contradizer o que você acabou de dizer", eu explico. "Por isso, na física de partículas nós temos essa ideia de que se combinarmos coisas pequenas com outras grandes, então as leis para as pequenas dirão o que as grandes fazem. Usamos então o arcabouço matemático de campos efetivos para isso. Esse procedimento nos revela que já temos leis para coisas macroscópicas. O princípio de exclusão causal[64] diz então que, como já temos uma lei para entes macroscópicos, então qualquer outra lei macroscópica é dedutível daquela já disponível ou uma das duas está errada."

David responde: "Eu não tenho nenhum conflito com a ideia de que leis dinâmicas para objetos macroscópicos são determinísticas e

113

podem ser deduzidas de leis microscópicas. No entanto, isso não implica que essa seja uma boa explicação."

Eu ainda não estou convencida se entendi direito. "Então a teoria construtora não é reducionista no sentido de que as explicações não começam nas escalas pequenas?"

"Sim", diz David. "Dando um exemplo, suponhamos que, conforme a teoria construtora, uma das leis fundamentais afirma que existem computadores universais. Digamos, efetivamente, que existem computadores universais com memórias arbitrariamente grandes. Este aqui" – e ele aponta novamente para seu laptop – "é uma aproximação disso, mas no futuro teremos máquinas com memórias maiores e, em um futuro ilimitado, teremos computadores com memória ilimitada. E suponha, apenas para levar adiante o raciocínio, que este computador com essa memória ilimitada é realmente uma das leis fundamentais, mas que as outras são reducionistas, como a mecânica quântica e as interações de partículas elementares e assim por diante."

"Assim, portanto, a existência de computadores universais junto com leis dinâmicas microscópicas se traduz em uma afirmação sobre o estado inicial do universo. No entanto, essa tradução é para um caminho altamente intratável. Não existiria maneira de realmente calcular as propriedades que o estado inicial precisa ter, a não ser aquela que produza o resultado final: computadores universais. Algumas pessoas descartariam isso dizendo que é uma teoria teleológica. Mas não se trata de uma antiga teoria teleológica qualquer. Nós temos que explicar por que o universo é tal que afinal temos computadores nele. Mesmo a existência dos computadores que usamos torna as leis da física extremamente inusitadas. São tão inusitadas quanto a existência de elementos químicos. É uma característica do mundo que vemos e ainda não explicamos."

Eu sigo, dizendo: "mas, é claro que colocar a coisa que você quer explicar na sua teoria não a explica. Você dizer que o universo é tal que ele avança para produzir computadores não explica nada."

"Certo", retruca David. "Poderia dizer também que a razão pela qual estamos sentados aqui, com você me olhando ceticamente sobre o

Somos apenas sacolas cheias de átomos?

que digo, é que você vai escrever um livro em que contará 'e eu era cética em relação ao que ele me disse'. Além disso, você querer escrever isso no seu livro é a razão pela qual você é cética agora. É o mesmo argumento, embora não explique nada. Eu precisei colocar o exemplo com o computador desse jeito porque ainda não temos a teoria que o explicaria."

"Ok", digo eu. "Então, você quer dizer que *poderia* existir uma teoria com a propriedade de que o universo *avançaria* para produzir computadores universais com memória ilimitada, e assim por diante, mas você não sabe o que essa teoria seria."

"Sim", concorda David, "mas o que temos é que a teoria construtora é simpática a esse tipo de coisa. Não é absurdo imaginar que uma teoria explicativa desse tipo exista."

Voltando à questão se o futuro é determinado, sigo em frente: "você disse que não há problema com o fato de as leis dinâmicas serem determinísticas. Você diria que é por essa razão que tudo é determinístico, não apenas computadores, mas também a consciência e o comportamento humanos, e por aí afora?"

David responde que "sim, determinístico, no sentido de ser uma questão de lógica, o estado em um dado momento é determinado pelo estado em qualquer outro instante, somado às leis dinâmicas. Mas pode ser que o tempo posterior seja *explicado* pelo anterior e não vice-versa."

"Mas algo ser determinístico não significa que seja previsível", eu respondo. "Você quer dizer que é realmente previsível?"

"Não", diz ele. "Por três razões. Primeiro, não podemos medir, na mecânica quântica, o estado de maneira perfeitamente precisa. Portanto, mesmo que conhecêssemos o que seria a evolução de cada estado, não sabemos o que é o estado real, pois isso não pode ser medido.

"Segundo, existe caos. Bem, não há caos na mecânica quântica,[65] mas entes como computadores e cérebros apresentam caos no nível em que eles funcionam, o que significa que mudar apenas um bit em um computador pode mudar drasticamente o que ele fará no futuro. Quanto ao cérebro, não podemos medir, nem de longe, o nosso estado mental com precisão, por isso somos imprevisíveis.

115

A ciência tem todas as respostas?

"E há uma terceira razão, que é a mais importante. Não podemos prever o aumento futuro do conhecimento. Nenhuma teoria é tão boa que possa prever o conteúdo de sua sucessora. Imagine colocar uma pessoa em uma redoma de vidro e não permitir que ela interaja com o mundo exterior. Você poderia então pensar que, em princípio, está apto para prever tudo o que essa pessoa fará. No entanto, isso é uma ilusão, pois, se essa pessoa chega a novas ideias, como uma nova lei da física; não há maneira de que você soubesse disso no início desse experimento. Além disso, se o seu computador calcula o que ela fará (digamos que calcule em um dia o que a pessoa faz em uma semana), então você já saberá a nova lei da física antes dela, e a computação que o computador realizou é na verdade uma pessoa: é essencialmente ela. Portanto, a fim de calcular o que ela faria no futuro, você realmente teria que tirá-la da redoma e colocá-la em um computador e processá-la de forma virtual. Ah, eu deveria dizer que processar alguém de forma virtual é exatamente a mesma coisa que fazê-lo no mundo real. Pensar é apenas uma computação."

"Ou seja, você está dizendo que não seria mais uma previsão, porque já teria o fato real no seu computador?"

"Sim", responde David. "Não podemos prever o aumento futuro do conhecimento, pois, se pudéssemos, nós o teríamos antes do momento que tentamos prever. É um aspecto do conhecimento que o leva a ser imprevisível, mesmo em um sistema determinístico."

Eu digo, "então, para voltarmos ao que conversamos anteriormente, se insistirmos em reduzir as leis para outras mais fundamentais indo sempre para escalas menores, o aumento do conhecimento continuará inexplicável?"

"Sim, entre tantas outras coisas", pondera David. "A teoria atômica foi pensada sem nenhuma evidência a favor. O problema que havia na antiguidade é que o mundo era um contínuo, para ir de A até B era necessário passar por um número infinito de pontos. E se não fosse um contínuo, como seria possível ir de um ponto discreto a outro? As duas questões parecem ser impossíveis. A teoria dos átomos foi desenvolvida porque os gregos queriam achar uma saída que poderia parecer tão esotérica que não teria nenhuma implicação prática. No entanto, ideias assim eram as que levaram a tudo o que é interessante. Essa é a minha visão do papel da física de partículas, reducionismo e holismo. Todos eles deveriam estar subordinados à tarefa de explicar o mundo."

E eu era cética sobre o que ele disse.

A RESPOSTA RÁPIDA

Se você pudesse prever o aumento do conhecimento, seu conhecimento não aumentaria.

EXISTEM CÓPIAS DE NÓS MESMOS?

MUITOS MUNDOS

Divulgação científica sobre mecânica quântica é para mim tão desconcertante quanto frustrante. Deem-me uma equação e eu consigo lidar com ela. No entanto, se me dizem que a mecânica quântica permite separar um gato de seu sorriso ou que um experimento demonstra "um descompasso irreconciliável[66] entre Wigner e seu amigo",* eu saio da sala bem quieta antes que alguém me peça para explicar essa confusão. Eu tenho sofrido com as incontáveis introduções bem-intencionadas da mecânica quântica, apresentando sapatos quânticos, moedas quânticas, caixas quânticas e um zoológico

---
* N.T.: Refere-se a diferenças no que seria examinado por observadores diferentes (Wigner e um amigo dele) em um experimento mental proposto pelo físico Eugene Wigner (1902-1995).

inteiro de animais quânticos, que entraram e saíram dessas caixas. Caso você realmente consiga entender essas explicações, meus cumprimentos, porque, se eu não já não tivesse entendido antes como a mecânica quântica funciona, eu continuaria sem entender com essas explicações.

Digo isso não para diminuir seu prazer com seus sapatos quânticos, mas para que entenda as minhas ideias. Sou uma pessoa muitíssimo matemática e, pessoalmente, não vejo a necessidade de traduzir a matemática para a linguagem do cotidiano. Acho que estruturas matemáticas abstratas são mais bem abordadas em seus próprios termos. Elas não precisam ser interpretadas e nem fazer sentido intuitivamente. Elas não precisam ser "como" alguma outra coisa, pois na maior parte dos casos elas não são. A única razão pela qual usamos matemática é que não existe nada que se pareça com ela.

A mecânica quântica é, para mim, o maior exemplo do que pode dar errado com o uso de uma linguagem intuitiva no lugar de matemática abstrata. Consideremos as chamadas superposições. Na mecânica quântica inserimos estados iniciais na equação de Schrödinger para calcular como eles mudam com o tempo. A equação de Schrödinger tem a propriedade de que, se a resolvermos para dois estados iniciais diferentes, então a soma dessas soluções, cada uma multiplicada por algum número arbitrário, também é uma solução da equação.[67] Isso é exatamente o que uma superposição é: uma soma. Só isso, não estou brincando. Estados emaranhados são um tipo específico de superposição. Sim, eles também são somas. Portanto, para onde vai toda essa bizarrice mística?

A bizarrice aparece apenas quando tentamos expressar a matemática verbalmente. Quando um dos estados, que é solução da equação de Schrödinger, descreve uma partícula indo para a direita, enquanto outro estado é para uma partícula movendo-se para a esquerda, então qual é a soma das duas? Tornou-se comum o uso da frase "a partícula vai em ambas as direções ao mesmo tempo". Essa frase descreve adequadamente o que é uma superposição? Honestamente, eu não sei. Eu prefiro dizer apenas que "é uma superposição".

120

É claro que eu entendo a necessidade de expressar a matemática em palavras para torná-la acessível, por isso eu mesma tenho usado metáforas para as superposições, quando não tenho tempo ou espaço para explicá-las em detalhe. Farei o mesmo aqui também: omitirei a matemática e tentarei dar uma ideia do que tudo isso significa. Mas eu quero que você saiba que muito da suposta bizarrice da mecânica quântica vem justamente de tentar forçá-la em uma linguagem cotidiana. Não existem metáforas exatas, nem para a mecânica quântica, nem para qualquer outra coisa, pois, se fossem exatas, não seriam metáforas.

Não ajuda nada dizer que chamar a mecânica quântica de *estranha*, *bizarra* ou *assustadora* produz manchetes apelativas e que, portanto, os veículos de divulgação científica usam essas palavras um pouco em demasia e um tanto festivamente. Eu concordo com Philip Ball[68] quando ele diz que com mais de um século de idade, a mecânica quântica já deveria ter "ultrapassado a bizarrice". Dito isso, vejamos o que a mecânica quântica nos conta sobre a vida após a morte.

$$\star\ \star\ \star$$

Sem a mecânica quântica, as leis da natureza são determinísticas. Para recapitular, isso significa que havendo um estado inicial, podemos calcular inequivocamente o que acontece em qualquer tempo posterior. Digamos que você solte uma caneta e ela caia no chão. Se você pudesse medir exatamente onde e em que posição a caneta estava inicialmente, e soubesse as localizações e movimentos das moléculas do ar em volta, poderia calcular quando e como a caneta pousaria no chão.

Não podemos, é claro, medir exatamente as posições de todas as moléculas de ar e, mesmo se pudéssemos fazer isso, seria inviável usá-las para prever o resultado. No entanto, em princípio e na ausência da mecânica quântica, todas as incertezas sobre os resultados advêm simplesmente da falta de conhecimento sobre as condições iniciais. Nós chamamos de **clássicas** esses tipos de teorias não quânticas.

121

A mecânica quântica funciona de modo diferente. Na mecânica quântica descrevemos tudo por meio de funções de onda. Existe uma função de onda para elétrons e outra para fótons, mas existem também funções de onda para laranjas, cérebros e até mesmo para o universo como um todo. Essas funções de onda evoluem parcialmente de modo determinístico, mas, uma vez ou outra, quando ocorre uma medição, elas realizam saltos não determinísticos.

Esses saltos não são totalmente imprevisíveis, podemos prever a probabilidade de eles ocorrerem e de quais seriam os resultados, mas eles têm um componente que é fundamentalmente aleatório. Essa incerteza no resultado da medida na mecânica quântica não é por falta de conhecimento das condições iniciais, é simplesmente assim.

Essa aleatoriedade imprevisível da mecânica quântica não está restrita às escalas subatômicas, portanto não podemos desprezá-las como um capricho irrelevante da natureza, que cientistas ocasionalmente observam nos laboratórios. É exatamente pelo fato de a medição ser imprevisível que a aleatoriedade se manifesta em si para objetos macroscópicos como eu e você.

Suponhamos que uma pesquisadora que observa um lampejo em uma tela vá para casa quando a partícula aparece no lado esquerdo, e permaneça no laboratório quando surge no lado direito. Talvez isso decida se ela vai ou não se envolver em um acidente na estrada. A aleatoriedade de um único evento quântico pode mudar toda sua vida. Isso não acontece somente no laboratório: se um raio cósmico atinge um tecido vivo, o dano no código genético, por exemplo, é, em última instância, devido ao indeterminismo quântico.

Ao mesmo tempo em que a mecânica quântica é uma teoria extremamente bem-sucedida, o significado da sua matemática tem sido motivo de controvérsias desde o seu desenvolvimento no início do século XX. Alguns argumentaram que a natureza não pode ser fundamentalmente aleatória – como Einstein, que afirmou que "Deus não joga dados" – e que a mecânica quântica é simplesmente incompleta. Outros, como Niels Bohr, um dos fundadores da mecânica quântica, afirmavam que precisamos apenas abandonar as ideias fora de moda do determinismo.

Existem cópias de nós mesmos?

A maioria dos físicos de hoje ignora totalmente esse debate e lida com a mecânica quântica como uma ferramenta para fazer previsões, achando que não devemos pensar demais nisso. Essa atitude de "cale a boca e calcule" é uma maneira pragmática de contornar a questão. É uma atitude que levou a enormes progressos, portanto não devemos rir dela. No entanto, muitos pesquisadores que trabalham com os fundamentos da física sentem que ignorar os problemas da mecânica quântica é um erro, pois aprenderíamos mais se os resolvêssemos.

Para entender o problema com a mecânica quântica, relembremos que na teoria da relatividade restrita de Einstein nada pode acontecer mais rápido do que a velocidade da luz. Na mecânica quântica, contudo, no instante em que uma medida é feita, as probabilidades mudam instantaneamente e em toda parte. Essa atualização da função de onda é **não local**. Algo que é, como Einstein disse, uma "assustadora ação à distância".[69] Descobrimos, infelizmente, que no processo da medição nenhuma informação é passada a uma velocidade maior do que a da luz. Podemos, de fato, provar matematicamente[70] que é impossível enviar uma informação mais rápido do que a velocidade da luz com a mecânica quântica. Portanto, não é que há algo concretamente errado com a teoria, mas somente parece que há.

Pesquisadores têm proposto vários caminhos para lidar com a situação. Alguns argumentam que a mecânica quântica simplesmente não é a teoria correta e precisa ser substituída por algo melhor. Essa é uma possibilidade[71] sobre a qual eu mesma já trabalhei. No entanto, por ela ser ao mesmo tempo especulativa e um pouco fora de contexto, não quero me aprofundar nisso aqui. Para a finalidade deste livro, vou me ater ao *status* da pesquisa que é considerado amplamente aceito.

Caso não queira realmente modificar a mecânica quântica, você pode tentar interpretar sua matemática de modo diferente e esperar que então tudo faça mais sentido. Existe um bom número dessas interpretações. Por exemplo, a interpretação proposta por Niels Bohr, de acordo com a qual a função de onda não deve ser considerada real e ponto final. Ela é simplesmente um dispositivo para prever resultados de medições, não faz sentido perguntar pelo que realmente está acontecendo. Essa interpretação é muitas vezes chamada de *Interpretação*

A ciência tem todas as respostas?

de Copenhague ou simplesmente de *interpretação padrão*, pois é a usualmente mais ensinada.

É desnecessário dizer que muitos físicos não gostam que lhes digam que não devem fazer perguntas, portanto eles têm tentado encontrar maneiras mais intuitivas para dar sentido à matemática envolvida. Uma interpretação alternativa foi buscada por David Bohm,* que hoje é conhecida por *mecânica bohmiana*.

Bohm reformulou as equações da mecânica quântica de modo que se pareça mais similar às da mecânica clássica. Nas equações de Bohm, a função de onda ainda está lá, mas agora ela descreve um campo que "guia" as partículas. O indeterminismo nos resultados de medições, de acordo com a interpretação de Bohm, é devido à falta de conhecimento, como na física clássica. Infelizmente, com a mecânica bohmiana também não é possível resolver essa falta de conhecimento. No final das contas, o resultado é exatamente o mesmo que na interpretação de Copenhague. A interpretação de Bohm nunca se tornou muito popular, mas ainda tem seus seguidores hoje em dia.

Outra maneira de interpretar a matemática quântica foi proposta por Hugh Everett e desenvolvida por Bryce DeWitt. Eles argumentaram que deveríamos simplesmente abandonar a atualização da medida e com isso retornar a uma evolução determinística. Na interpretação de muitos mundos, cada resultado possível das medições acontece, mas em seu próprio universo. Se você relembrar a partícula que tinha chances iguais de atingir a tela do lado esquerdo ou direito, na interpretação de muitos mundos, ela atingirá um lado da tela em um universo e o outro em outro universo. E depois que isso acontecesse, os dois universos permaneceriam separados para sempre e evoluiriam em seus próprios *ramos*, como são frequentemente chamados.

Antes de seguir em frente, preciso esclarecer um equívoco comum em relação à interpretação de muitos mundos. Uma maneira de explicar como a mecânica quântica funciona, que você talvez já tenha visto,

---

* N.T. David Bohm foi um importante físico norte-americano. Ele trabalhou nos anos 1950 na USP, obtendo na época a cidadania brasileira.

é a de que a partícula percorre todos os caminhos possíveis entre seu estado inicial e o final. Por exemplo, se alguém aponta um feixe laser contra uma tela com duas fendas (a famosa dupla fenda), cada partícula do feixe atravessa ambas as fendas. Não é que uma delas passa pela fenda da esquerda e a outra pela direita; cada uma delas atravessa ambas (Figura 8).

Figura 8
Podemos interpretar o experimento da dupla fenda dizendo que a partícula toma todos os caminhos ao mesmo tempo. Aqui são mostrados os dois caminhos mais prováveis para uma partícula atingir a tela.

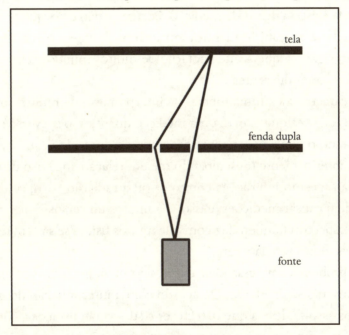

Essa é, mais uma vez, uma interpretação da matemática, originalmente proposta por Feynman, chamada de *formulação de integrais de caminho*. Em termos matemáticos, nessa formulação é preciso somar todos os caminhos possíveis para calcular a probabilidade de uma partícula ir a um lugar em particular. Resumindo uma longa história, o resultado é o mesmo do obtido na formulação original da equação de Schrödinger, mas os físicos gostam de usar integrais de caminho porque essa abordagem pode ser generalizada para situações muito mais difíceis.

A ciência tem todas as respostas?

Alguém pode interpretar a integral de caminho como se nos contasse que a partícula toma cada caminho em um universo diferente. Eu, pessoalmente, considero isso uma afirmação sem sentido, pois não há nada na matemática que diga que esses caminhos estão em universos diferentes; mas tampouco está errado. Além disso, sou totalmente favorável a diferentes maneiras de olhar para a matemática, pois assim podemos chegar a novas perspectivas. Então, tudo bem.

No entanto, esses diferentes caminhos – ou universos, se preferir – na integral de caminho usual estão presentes apenas *antes* na medição. Na interpretação de muitos mundos, ao contrário, os diferentes universos ainda existem *depois* da medição. Portanto, não é porque podemos reformular a mecânica quântica em termos de integrais de caminho que isso significa que a interpretação de muitos mundos seja correta. São duas coisas diferentes.

A característica fundamental da interpretação de muitos mundos é que a cada vez que ocorre uma medição quântica, o universo se divide, criando o que é usualmente chamado de um *multiverso*.[72] E, como vimos anteriormente (desculpando-me em relação ao abuso da terminologia), mesmo interações com o ar ou a radiação cósmica de fundo podem causar medições; e isso cria muitos universos rapidamente. Essa perspectiva também faz com que muitos físicos se sintam desconfortáveis muito rapidamente.

O problema com essa ideia é que, veja bem, ninguém viu até agora o universo se dividindo. De acordo com a interpretação de muitos mundos, isso se deve a que detectores e suas generalizações, como eu e você, nos dividimos junto com os universos. O que determina para qual universo você vai? Bem, supostamente você vai a todos eles. Pelo fato de não experimentarmos essa divisão, a interpretação de muitos mundos requer premissas adicionais (além da equação de Schrödinger), que especifiquem como calcular a probabilidade de alguém ir para um universo em particular. Esse fato traz de volta o indeterminismo pela porta dos fundos.

Eu vou poupar os detalhes matemáticos, pois eles realmente não importam aqui. A conclusão é que precisamos adicionar muitas outras

Existem cópias de nós mesmos?

suposições em número suficiente para reproduzir o que antes foi chamado de atualização pela medida. Porque – veja só – a atualização está lá por uma razão; e essa razão é a de que precisamos dela para descrever o que observamos e, se simplesmente a jogarmos fora, a teoria não fornecerá as previsões corretas. Nós não observamos, de fato, todos os resultados possíveis de um experimento.

Isso tudo significa que, no que se refere aos cálculos, a interpretação de muitos mundos faz exatamente as mesmas previsões da mecânica quântica na interpretação padrão, por meio de premissas distintas, embora equivalentes. A maior diferença não é a matemática e sim uma questão de convicção. Os defensores da interpretação de muitos mundos acreditam que todos os outros universos, aqueles que não observamos, são tão reais quanto o nosso.

No entanto, em que sentido eles seriam reais? Universos não observáveis são, por definição, desnecessários para descrever o que observamos. Desse modo, assumi-los como reais também é desnecessário. Teorias científicas não deveriam conter hipóteses desnecessárias, pois se permitirmos isso, também teríamos que permitir a suposição de que deus criou o universo. Essas suposições adicionais não estão erradas, são simplesmente acientíficas. A suposição de que os universos extras na interpretação de muitos mundos são reais é uma dessas suposições acientíficas.

Eu preciso salientar, no entanto, que isso não significa que os universos paralelos dessa interpretação *não* são reais. Significa apenas que a afirmação sobre sua realidade é acientífica. É algo em que podemos acreditar ou não, mas a ciência não diz nada, aliás, não *pode* dizer nada, sobre o que é correto. Por outro lado, isso tudo também significa que a ideia de que exista um número infinito de você por aí, de alguma forma, não é conflitante com qualquer coisa que conhecemos. É um sistema de crenças compatível com a ciência.

A interpretação de muitos mundos acarreta, no entanto, consequências estranhas. Por exemplo, pelo fato de lá no fundo os processos no nosso cérebro serem quânticos, para cada decisão que tomamos, existiria um universo no qual tomaríamos uma outra

127

A ciência tem todas as respostas?

decisão. No caso de você não estar seguro de que uma decisão é realmente baseada em um efeito quântico, existe um aplicativo para isso: o Universe Splitter[73] envia um fóton para você através de um espelho semitransparente e, dependendo se ele atravessa ou não o espelho, você escolhe comer macarrão ou frango, aceita ou declina, toma a pílula vermelha ou azul, tudo enquanto acredita que uma cópia sua vive por aí fazendo escolhas diferentes.

Esse já é um exemplo e tanto de estranheza, mas o melhor exemplo de consequências estranhas do multiverso talvez seja a ideia do *suicídio quântico*. Imagine repetir o experimento no qual há 50% de probabilidade de você morrer em um processo quântico. Na interpretação padrão da mecânica quântica, a probabilidade de sobrevivência cai pela metade a cada repetição do experimento. Lá pela vigésima repetição, a probabilidade de você morrer é de 99,9999%.

Por outro lado, de acordo com a interpretação de muitos mundos, você não tem 50% de chance de morrer a cada rodada. Em vez disso, na primeira vez que o experimento acontece, o universo se divide em dois, um no qual você sobrevive e no outro em que está morto. Na segunda rodada, cada universo se divide novamente, assim chegamos a quatro deles. Em dois deles você morre já na primeira rodada e, então, o experimento seguinte já não importa mais. Nessa altura, em um outro experimento você sobrevive à primeira rodada, mas morre na segunda, além de um no qual você sobrevive nas duas vezes. Refaça o experimento e todos os quatro universos se dividem em oito e assim por diante (veja a Figura 9). Após 20 rodadas, você ainda estará vivo com 100% de probabilidade, mas apenas em um de um milhão de universos.

Figura 9
Os muitos mundos do suicídio quântico.

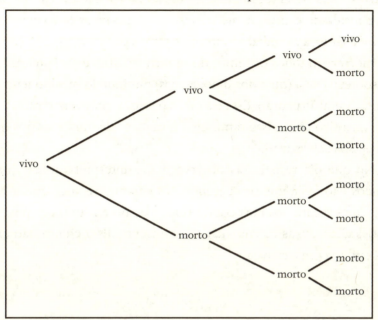

Essa história fica ainda melhor. Como todo processo molecular se resume à mecânica quântica, qualquer que seja a causa da morte de alguém, essa pessoa teve uma pequeníssima, mas não nula, probabilidade de sobrevivência. A aleatoriedade quântica torna isso possível. Existe sempre a chance de que uma doença entre espontaneamente em remissão, que o dano celular se reverta de repente ou que um coração volte a bater após ter desistido de bombear. Ainda que a chance disso ocorrer seja minúscula, na interpretação de muitos mundos isso ocorrerá para cada um de nós em algum ramo do multiverso.

É claro que isso também significa que existe algum ramo do multiverso em que os dinossauros ainda andem por aí, no qual Hitler nunca nasceu e no qual não exista pão de queijo. Esse não é, indiscutivelmente, o ramo em que vivemos, então o que aproveitamos disso tudo?

Se você acredita na interpretação de muitos mundos, raciocinar a respeito de probabilidades em nosso universo torna-se raciocinar sobre o número de ramos no multiverso. Como não se pode voltar no tempo para escolher um ramo diferente, essas probabilidades são relativas à sua observação atual do universo. Para todos os fins práticos, o resultado é exatamente o mesmo: dinossauros estão extintos, a Segunda Guerra Mundial aconteceu e temos pão de queijo. Você pode não morrer em todos os ramos do multiverso, mas a probabilidade de sua sobrevivência (ou a dos dinossauros) diminui do mesmo jeito que na interpretação padrão. Essa é a razão pela qual ninguém tentou o suicídio quântico ainda: isso diminuiria o número de universos nos quais essa pessoa sobreviveria.

No que diz respeito às observações, a interpretação de muitos mundos não faz a menor diferença. No entanto, se você quiser acreditar que existam infinitas cópias suas vivendo em todas as possíveis versões alternativas da sua vida, vá em frente. Essa crença não entra em conflito com a ciência.

O MULTIPIOR

A interpretação de muitos mundos é apenas um tipo de multiverso. Existem ainda algumas outras, que se tornaram populares nas décadas passadas.

Uma delas é uma extensão da ideia de inflação cósmica, a hipotética fase de expansão exponencial do universo primordial. Nessa extensão, a *inflação eterna*, alguém inventa um mecanismo para criar o estado inicial para a inflação em nosso universo. A maneira atualmente mais popular para fazer isso é conjecturar um multiverso no qual Big Bangs ocorrem o tempo todo em todos os lugares. Os universos criados nos outros Big Bangs poderiam ser similares ao nosso, ou então ter outras constantes da natureza, levando a leis físicas totalmente diferentes.

Essa possível mudança nas constantes da natureza de um Big Bang para outro vem de uma outra ideia de multiverso: o *cenário de teoria de cordas*. Teóricos de cordas tinham originalmente a esperança de que poderiam calcular as constantes da natureza. Isso não deu em nada, portanto agora eles argumentam que se não podem calcular as

Existem cópias de nós mesmos?

constantes é porque todos os valores possíveis para elas devem existir em algum lugar no multiverso.

Poderíamos combinar todos esses diferentes multiversos em um megamultiverso.

Nos outros multiversos, tal como na interpretação de muitos mundos, os universos além do nosso são, por construção, não observáveis.[74] E esses universos seriam habitados por ainda mais cópias de nós mesmos, mas essas cópias aparecem por uma razão diferente: pequenas variações no estado inicial podem levar a universos com histórias quase idênticas, mas não totalmente iguais, à do nosso próprio universo. É claro que não podemos saber realmente, e nunca saberemos, quais estados iniciais são de fato possíveis no multiverso, pois não temos como recolher evidências observacionais sobre eles. É puramente conjetura.

O *status* científico dessas ideias de multiverso é, portanto, o mesmo do da interpretação de muitos mundos: presumir a realidade de algo não observável é desnecessário para descrever o que observamos. Ou seja, presumir a existência desses outros universos é acientífico.

Esse não é um raciocínio particularmente difícil, por isso eu acho impressionante que meus colegas físicos parecem não o compreender. Eles certamente declarariam que, "então também seria não científico discutir o que existe no interior dos buracos negros". Mas não, a situação dos buracos negros é completamente diferente. Primeiro porque é (em princípio!) possível observar totalmente o que há no interior de um buraco negro. Só que não é factível sair dele para mostrar o que foi visto lá. Mais importante ainda é que buracos negros evaporam, portanto, seu interior não permanece eternamente desconectado do seu exterior. Quando um buraco negro evapora, seu horizonte encolhe até desaparecer completamente. Você poderia de fato questionar o mérito científico de discutir o interior de um buraco negro, se as coisas não fossem como expostas nesse parágrafo.

"Mas", seguiriam eles, "como a velocidade da luz é finita, mas o universo tem apenas 13,7 bilhões de anos de idade, podemos ver somente parte dele, até mesmo se ele fosse infinitamente grande". Ainda assim, eu não acredito que o universo deixe de existir além da fronteira do que podemos observar hoje em dia.

Então, com expliquei tantas vezes, isso tudo não é sobre o que eu acredito ou deixo de acreditar, e sim sobre o que podemos conhecer ou não. Eu estou dizendo que o que está além do que podemos observar é exclusivamente uma questão de crença. A ciência nada diz sobre se existe ou não existe o que não observamos. Portanto, afirmar que existe é acientífico, assim como afirmar que não existe. Se você quiser falar sobre isso, não tem problema, mas não faça de conta que isso é ciência. Nesse ponto, os colegas físicos normalmente ficam confusos ou ofendidos, ou ambos.

Eu insisto que os físicos resolvam suas questões e parem de misturar crença com ciência, pois essa confusão é claramente óbvia para os leigos. Físicos, de Brian Greene a Leonard Susskind e de Brian Cox a Andrei Linde, falaram publicamente sobre o multiverso como se isso fosse a melhor prática científica. E como as ideias de multiverso atraem muita atenção da mídia, isso gera uma imagem negativa da capacidade da comunidade científica de manter seus membros em padrões rigorosos.

Um exemplo marcante do dano que resulta dessas comunicações veio de Ben Carson, que tentou ser candidato presidencial nos EUA pelo partido republicano nas eleições de 2016. Carson é um neurocirurgião aposentado que parece não saber muito de física, mas o que ele sabe deve ter aprendido de entusiastas do multiverso. Em 22 de setembro de 2015,[75] Carson fez um discurso em uma escola batista no estado de Ohio, informando sua audiência que a "ciência nem sempre está certa". Isso, obviamente, está correto. Mas então ele deu seguimento na justificativa para seu ceticismo científico ridicularizando o multiverso:

> E aí eles vão para a teoria de probabilidade e dizem: "mas se existem Big Bangs suficientes em um período longo o suficiente, então algum deles será o Big Bang perfeito e tudo estará perfeitamente organizado".

Em um discurso anterior,[76] ele acrescentou fazendo graça: "ou seja, querem falar de contos de fadas? Isto é fantástico."

Fica claro, se prestarmos atenção, que Carson, pelas suas elucubrações, não compreendeu nada[77] sobre termodinâmica e cosmologia, mas essa não é a questão. Eu não espero que neurocirurgiões sejam peritos nos fundamentos da física e tampouco imagino que seus espectadores esperem isso. A questão é que ele demonstra para nós o que acontece quando cientistas misturam fatos com ficção: leigos descartam os dois juntos.

No seu discurso, Carson seguiu em frente: "E então eu digo a eles, 'vejam, não vou criticar vocês. Vocês têm muito mais fé do que eu... Eu lhes dou crédito por isso. mas não vou desacreditá-los pela sua fé e vocês não devem me desacreditar pela minha'".

E eu estou de acordo com ele nisso. Ninguém deve ser difamado pelas suas crenças. Se você quiser acreditar na existência de infinitos universos com infinitas cópias suas, algumas delas sendo imortais, tudo bem para mim. Mas, por favor, não finja que isso é ciência.

NÓS VIVEMOS EM UMA SIMULAÇÃO DE COMPUTADOR?

Eu até que gosto da ideia de que vivemos em uma simulação de computador. Isso me dá a esperança de que as coisas serão melhores no próximo nível. Essa *hipótese de simulação*, como é chamada, tem sido praticamente ignorada pelos físicos, mas goza de certa popularidade entre filósofos e pessoas que gostam de se ver como intelectuais. A ideia tem, evidentemente, um apelo maior quanto menos a pessoa entender de física.

A hipótese da simulação[78] é associada mais intensamente ao filósofo Nick Bostrom, que tem defendido (dadas certas suposições sobre as quais comentarei em breve) que a lógica pura nos força à conclusão de que somos simulados. Elon Musk é um dos que acreditaram nisso.[79] "É muito provável que estejamos em uma simulação", disse ele. E até Neil de Grasse Tyson[80] avaliou que a hipótese de simulação tem uma "chance maior do que a de cara ou coroa" de estar certa.

A hipótese de simulação me incomoda não porque eu tenha medo de que as pessoas de fato acreditem nela. A maioria entende

A ciência tem todas as respostas?

que a ideia carece de rigor científico. Não, a hipótese me incomoda porque se intromete na seara dos físicos. É uma afirmação ousada sobre as leis da natureza, que não presta nenhuma atenção ao que sabemos sobre essas leis.

A hipótese de simulação, falando livremente, carrega em si que tudo o que experimentamos foi codificado por um ser inteligente e que somos parte de um programa de computador. A opinião de que vivemos em um tipo de computação não é em si uma afirmação chocante. Pelo que sabemos hoje, as leis da natureza são matemáticas, e por isso poderíamos dizer que o universo é realmente só uma computação dessas leis. Você pode achar essa terminologia um pouco estranha, e eu concordaria, mas ela não é controversa. O que é um tanto controverso sobre a hipótese da simulação é que ela presume que existe um outro nível de realidade onde algum ser, ou alguma coisa, controla o que acreditamos ser as leis da natureza, ou que até mesmo interfira nelas.

A crença em um ser onisciente, que possa interferir nas leis da natureza, mas que por alguma razão permanece oculto de nós, é um elemento comum nas religiões monoteístas. A diferença é que aqueles que acreditam na hipótese da simulação argumentam que chegaram a essa crença pela razão. A linha de raciocínio deles é geralmente próxima à do argumento de Nick Bostrom, que, resumidamente, encadeia-se como a seguir: se existem (a) muitas civilizações, e essas civilizações (b) constroem computadores que executam simulações de seres conscientes, então (c) existem muitos mais seres conscientes do que seres reais, portanto você provavelmente vive em uma simulação.

Para começo de conversa, é possível que uma ou duas premissas estejam erradas. Talvez não existam outras civilizações ou que, pelo menos, não estariam interessadas em simulações. Isso não faz com que o argumento esteja errado, é claro, apenas significa que não é possível chegar à conclusão que a hipótese propõe. Vou deixar de lado, no entanto, a possibilidade de que uma das premissas esteja errada, pois eu realmente não acho que tenhamos boas evidências nem a favor, nem contra.

A questão que tenho observado ser a mais frequentemente criticada no argumento de Bostrom é que ele simplesmente supõe que

134

Existem cópias de nós mesmos?

é possível simular a consciência humana. Nós não sabemos se isso é realmente possível. No entanto, neste caso, seria necessária uma explicação para supor que não é possível. Isso porque, de acordo com tudo que sabemos hoje, consciência é simplesmente uma propriedade de certos sistemas processarem grandes quantidades de informação. Não importa, na verdade, qual exatamente é a base física na qual esse processamento de informações se baseia. Poderiam ser neurônios ou transístores, ou transístores que se acreditam neurônios. Eu não acho que a simulação da consciência é a parte problemática.

A parte problemática no raciocínio de Bostrom é que ele supõe que é possível reproduzir todas as nossas observações sem usar as leis naturais, que físicos confirmaram com precisão extremamente alta, mas usando um algoritmo subjacente diferente, que um programador executa. Eu não acho que é isso que Bostrom pensou em propor, mas é o que ele acabou propondo. Ele afirmou implicitamente que é fácil reproduzir os fundamentos da física usando outra coisa. Essa é a parte problemática do argumento.

Para começo de conversa, a mecânica quântica apresenta fenômenos que não são calculáveis com um computador convencional em um tempo finito.[81] Portanto, precisaríamos, no mínimo, de um computador quântico para executar a simulação. Ou seja, um computador com bits quânticos ou, mais popularmente, *q-bits*, que são superposições de dois estados (digamos, 0 e 1).

Mas ninguém ainda sabe como reproduzir a relatividade geral e o modelo padrão da física de partículas a partir de um algoritmo computacional, executado em qualquer tipo de máquina. Agitar as mãos, gritando "computador quântico", não vai ajudar. Você pode *aproximar* as leis que conhecemos com uma simulação computacional. Nós fazemos isso o tempo todo, mas se essa fosse a maneira como a natureza realmente funcionasse, poderíamos ver logo a diferença. De fato, físicos têm buscado sinais[82] de que as leis naturais atuam efetivamente passo a passo, como um programa de computador, mas essa busca voltou de mãos vazias. É possível notar a diferença, porque todas as tentativas conhecidas de reproduzir algoritmicamente as leis naturais são

135

A ciência tem todas as respostas?

incompatíveis com o conjunto de simetrias das teorias da relatividade restrita e geral de Einstein. Não é fácil superar Einstein.

O problema existe, independentemente do que sejam as leis em um nível elevado de realidade de onde um programador supostamente nos simula. Nós não conhecemos nenhum tipo de algoritmo que nos forneceria as leis que observamos, não importando em que máquina esse programa seja executado. Se conhecêssemos, teríamos encontrado a teoria de tudo.

Um segundo problema com o argumento de Bostrom é que, para que funcionasse, uma civilização precisaria estar apta para simular muitos seres conscientes, que tentariam, por sua vez, simular outros, e assim por diante. Embora possamos imaginar a simulação de um único cérebro somente com seus dados, a conclusão, nesse caso, de que possivelmente vivemos em uma simulação, existindo mais cérebros simulados do que reais, não funciona. Precisaríamos na verdade de muitos cérebros, mas isso significaria ter que comprimir a informação que pensamos que o universo contém, pois, do contrário, as simulações esgotariam o espaço de memória rapidamente. Bostrom, portanto, tem que supor que, de alguma forma, seria possível não prestar muita atenção nos detalhes de algumas partes do mundo, nas quais ninguém está olhando no momento, e só preenchê-los se alguém olhar.

Uma vez mais, porém, Bostrom não explica como isso funcionaria. Que tipo de programa de computador pode de fato fazer isso? Que algoritmo pode identificar subsistemas conscientes e suas intenções e, assim, completar rapidamente as informações necessárias sem produzir alguma inconsistência observável? Esse é um problema muito maior do que Bostrom parece considerar. Não somente ele supõe que a consciência é redutível computacionalmente – pois do contrário não seria possível prever onde alguém estaria prestes a olhar antes que olhasse –, mas também não se pode, em geral, simplesmente jogar fora os processos físicos em escalas de tamanho menores e ainda assim acertar o que acontece em escalas maiores.

Modelos climáticos globais são um exemplo excelente. Atualmente, não temos a capacidade computacional para calcular em escalas abaixo de cerca de 10 km, ou algo assim. Mas não podemos descartar simplesmente a física abaixo dessa escala. O clima é um sistema não linear, portanto os detalhes de escalas menores deixam sua marca nas escalas maiores. Borboletas causando furacões e por aí afora.* Se você não computar essa física, que acontece a curtas distâncias, é preciso, no mínimo, substituí-la por alguma outra coisa. Conseguir fazer isso, mesmo que aproximadamente, é uma grande dor de cabeça. A única razão pela qual os cientistas climáticos conseguem isso, de modo aproximadamente correto, é que eles detêm observações, que podem ser usadas para checar se suas aproximações funcionam. Se, por outro lado, você tem apenas uma simulação, como o programador na hipótese da simulação, isso não pode ser feito.

Esse é o meu problema com a hipótese da simulação. Aqueles que acreditam nela fazem grandes pressuposições, talvez sem se darem conta sobre quais leis naturais podem ser reproduzidas em simulações computacionais, mas não explicam como isso supostamente funcionaria. No entanto, encontrar explicações alternativas, que correspondam com grande precisão a todas as nossas observações, é realmente difícil. Eu sei disso, pois é o que fazemos nos fundamentos da física.

Talvez você esteja agora revirando os olhos, afinal de contas, deixe o nerds se divertirem, certo? E é claro que uma parte dessa conversa é apenas entretenimento intelectual. No entanto, eu não acho que popularizar a hipótese da simulação seja uma diversão totalmente inocente. Ela mistura ciência com religião, o que, em geral é uma má ideia, e, de fato, acredito que temos coisas mais importantes para nos preocuparmos do que a de alguém puxando nossa tomada.

Em resumo, a hipótese da simulação não é um argumento científico sério. O que não significa que esteja errado, mas sim que se você acredita nele é porque tem fé e não porque tem a lógica a seu lado.

---

* N.T.: É uma referência ao Efeito Borboleta, metáfora utilizada em 1969 pelo meteorologista Edward Lorenz para explicar essa sensibilidade às condições iniciais: o bater de asas de uma única borboleta pode desencadear um furacão.

A RESPOSTA RÁPIDA

A ideia de que existam cópias de nós no multiverso não é científica, porque tais cópias são, ao mesmo tempo, não observáveis e desnecessárias para explicar o que *podemos* observar. Teorias de multiverso têm sido fomentadas por físicos que acreditam que a matemática é real, em vez de uma ferramenta para descrever a realidade. Você, portanto, pode acreditar, caso queira, que existem cópias suas, mas não há evidências de que isso seja realmente correto. A hipótese de que o nosso universo é uma simulação de computador não satisfaz o padrão científico atual.

A FÍSICA DESCARTOU O LIVRE-ARBÍTRIO?

O ATOLEIRO DO SUBTERFÚGIO

O maior problema nas discussões sobre livre-arbítrio é que os filósofos propuseram um monte de definições muito diferentes do que os não filósofos pensam que é *livre-arbítrio*. Sou tentada a escrever "pessoas normais" em oposição a "filósofos", mas isso seria talvez um tanto maldoso. E eu não quero ser maldosa. Claro que não.

Por essa razão, permitam-me começar anunciando o problema sem utilizar a expressão *livre-arbítrio*. As leis da natureza hoje estabelecidas são determinísticas com um componente aleatório que vem da mecânica quântica. Isso significa que o futuro está determinado, salvo os eventos quânticos ocasionais sobre os quais não temos influência.

139

A ciência tem todas as respostas?

A teoria do caos não muda em nada a situação. As leis do caos ainda são determinísticas; elas são apenas difíceis de prever porque o que ocorre no caos depende de modo muito sensível das condições iniciais (o voo da borboleta que desencadeia tempestades e outros exemplos).

A nossa vida não é, como nas palavras de Jorge Luis Borges, um "jardim das veredas que se bifurcam",[83] no qual cada vereda corresponde a um possível futuro e depende de nós qual deles se torna realidade (Figura 10). As leis da natureza simplesmente não funcionam desse modo. Existe realmente apenas um caminho, para a maior parte dos casos, pois os efeitos quânticos se manifestam muito raramente de forma macroscópica. O que você faz hoje decorre do estado do universo ontem, que depende do estado dele na última quinta-feira e assim voltando até o Big Bang.

No entanto, às vezes, eventos quânticos aleatórios podem sim fazer uma grande diferença nas nossas vidas. Lembra da pesquisadora que poderia ter se envolvido em um acidente, dependendo de onde a partícula surgisse na tela? As veredas se bifurcam uma vez ou outra, mas não temos nenhum controle sobre isso. Eventos quânticos são fundamentalmente aleatórios e não são influenciados por nada, muito menos por nossos pensamentos.

Figura 10
Caminhos que se bifurcam. O problema com o livre-arbítrio
é que não podemos escolher o que acontece nas bifurcações.

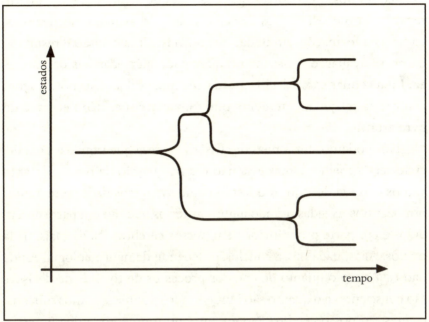

Eu não usei a expressão *livre-arbítrio*, como prometido, para expor o problema. Vamos então discutir o que significa o futuro estar determinado, exceto para eventos quânticos ocasionais que não podemos influenciar.

Pessoalmente eu diria apenas que o livre-arbítrio não existe e encerraria a discussão. No entanto, sinto-me encorajada a prosseguir, porque o livre-arbítrio em si é uma ideia inconsistente, e muitas pessoas mais sábias do que eu já apontaram isso antes. Pois para sua vontade ser livre, não pode ser causada por nada. Mas se não foi causada por nada – se é uma "causa sem causa", como disse Friedrich Nietzsche –, então não foi causada por você, independentemente do que entenda por *você*. Como Nietzsche resumiu, é "a melhor autocontradição que foi concebida até agora". Eu concordo com ele.

O que eu penso sobre o que se passa é o seguinte: nossos cérebros realizam computações sobre dados inseridos nele, seguindo equações que atuam sobre um estado inicial. Se essas computações são algorítmicas ou não é uma questão em aberto, mas não existe nenhum pó mágico no nosso neocórtex que nos coloque acima das leis da natureza. Tudo o que fazemos é avaliar quais são as melhores decisões, dadas as informações limitadas disponíveis. Uma decisão é resultado da nossa avaliação e isso não requer nada além das leis da natureza. Meu celular toma decisões cada vez que avalia quais notificações colocar na tela; evidentemente que tomar decisões não necessita do livre-arbítrio.

Nós podemos ter longas discussões sobre o que significa uma decisão ser "a melhor", mas essa não é uma questão de física, portanto vamos deixá-la de lado. A questão é que avaliamos dados e tentamos otimizar nossas vidas usando alguns critérios que são em parte aprendidos e em parte programados em nossos cérebros. Nada mais, nada menos. Aliás, nada nessa conclusão depende da neurobiologia. Ainda não está claro o quanto dos nossos processos de tomada de decisões são conscientes e o quanto são influenciados por mecanismos subconscientes em nosso cérebro. No entanto, no momento, a divisão entre consciente e subconsciente é irrelevante para a questão de saber se o resultado foi determinado.

Se o livre-arbítrio não faz sentido, por que, então, tantas pessoas acham que ele descreve como lidam com suas avaliações? Porque nós não sabemos o resultado de nossas reflexões antes de fazê-las, pois, do contrário, não precisaríamos ter refletido. É como Ludwig Wittgenstein disse[84] uma vez: "a liberdade do arbítrio consiste no fato de que ações futuras não podem ser conhecidas agora". Seu *Tratado Lógico-Filosófico* já tem mais de um século, portanto isso não é nenhuma grande novidade.

Assunto encerrado? Claro que não.

Afinal alguém certamente pode definir *algo* e chamá-lo então de livre-arbítrio. Essa é a filosofia do *compatibilismo*, que proclama que determinismo e livre-arbítrio são compatíveis, não se importando – só para lembrar – que o futuro é determinado, exceto para os eventos quânticos ocasionais que não influenciamos. Os compatibilistas são hoje a maioria entre os filósofos. Uma pesquisa de opinião de 2009, realizada entre filósofos, revelou que 59% se identificaram como sendo compatibilistas.[85]

O segundo maior grupo entre filósofos são os libertários, que argumentam que o livre-arbítrio é incompatível com o determinismo, mas que, pelo fato de o livre-arbítrio existir, o determinismo é necessariamente falso. Eu não vou discutir o libertarismo porque, afinal, ele é incompatível com o que conhecemos sobre a natureza.

Vamos, portanto, falar um pouco mais sobre compatibilismo, que o filósofo Immanuel Kant caracterizou elegantemente como um "infeliz subterfúgio", que o filósofo do século XIX William James rebaixou a um "pântano da evasão" e, ainda, que o filósofo contemporâneo Wallace Matson chamou de "a mais espantosa falácia de mudança de assunto".[86] Sim, realmente, como é possível ter o livre-arbítrio compatível com as leis da natureza, tendo em mente, não esqueçamos, que o futuro é determinado, a não ser pelos raros eventos quânticos que não controlamos?

Uma coisa que pode ser feita, para ajudar na discussão, é aprimorar um pouco a física. O filósofo John Martin Fischer[87] apelidou os filósofos que fazem isso de "compatibilistas de múltiplos passados" e "compatibilistas de milagres locais". Os primeiros argumentam que nossas ações mudam o passado para algo que não teria sido. Os outros dizem que eventos sobrenaturais, fora das leis da natureza, permitem que suas decisões, de alguma forma, evitem as previsões de teorias que têm sido confirmadas inúmeras vezes. Eu também não vou discutir nenhum desses casos, pois este livro é sobre o que podemos aprender da física e não sobre como ignorá-la criativamente.

Entre as ideias compatibilistas que pelo menos não estão erradas, a mais popular é a que diz que seu arbítrio é livre porque não é previsível, certamente não na prática e nem, possivelmente, em princípio. Essa posição é, talvez, representada de forma mais proeminente por Daniel Dennett. Se você quiser pensar o livre-arbítrio assim, muito bem. No entanto, o futuro continua sendo determinado, exceto pelos eventos quânticos ocasionais que não controlamos.

A filósofa Jenann Ismael[88] argumentou, além disso, que o livre-arbítrio é uma propriedade de um sistema autônomo. Ela quer dizer com isso que os diferentes subsistemas do universo se diferem pelo quanto seus comportamentos dependem de dados externos *versus* cálculos internos. Uma torradeira, por exemplo, tem pouca autonomia: você aperta um botão e ela liga. Humanos, por outro lado, têm muita autonomia, pois suas deliberações podem, em grande parte, seguir desacopladas de dados externos. Se você quiser chamar isso de livre-arbítrio, muito bem também. Mas o futuro ainda é determinado, exceto pelos eventos quânticos eventuais que não controlamos.

Figura 11
Como o livre-arbítrio se torna compatível com a física.

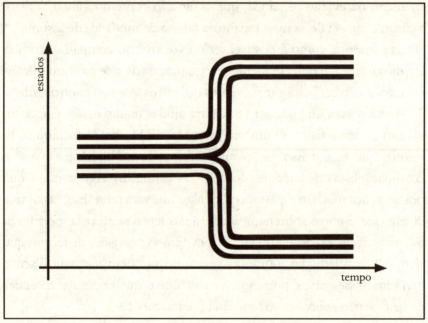

Há um bom número de físicos que têm respaldado o compatibilismo por encontrarem nichos para incorporar o livre-arbítrio às leis da natureza.[89] Sean Carroll e Carlo Rovelli sugerem que devemos interpretar o livre-arbítrio como uma propriedade emergente de um sistema. Uma versão camuflada desse argumento foi recentemente levada a cabo por Philip Ball.[90] Ela se baseia no uso de relações causais entre conceitos macroscópicos – ou seja, também propriedades emergentes – para definir *livre-arbítrio*.

Lembre-se que propriedades emergentes são aquelas que aparecem em descrições aproximadas em grandes escalas, quando são tiradas médias de detalhes da microfísica. A Figura 11 ilustra como isso pode ser usado para dar lugar ao livre-arbítrio. No nível microscópico, os caminhos (linhas brancas) são determinados pelo estado inicial, isto é, o lugar de onde partem à esquerda na figura. Mas no nível macroscópico, se você esquecer a condição inicial exata e olhar para a coleção de todos os caminhos microscópicos, a trilha macroscópica (contorno em preto) bifurca.

Os físicos mencionados acima diriam então que, se ignorarmos o comportamento determinado das partículas no nível microscópico, então não é mais possível fazer previsões no nível macroscópico. Os caminhos se bifurcam: viva! É claro que isso acontece só porque o que realmente está acontecendo foi ignorado. Sim, você pode fazer isso, mas o futuro ainda é determinado, exceto pelos eventos quânticos ocasionais que não influenciamos. Quando Sean Carroll[91] resume sua posição compatibilista ao dizer que o "livre-arbítrio é tão real quanto uma bola de tênis", ele deveria acrescentar "e igualmente livre".

Dito isso, eu não tenho grandes problemas com as definições compatibilistas do *livre-arbítrio* dadas por físicos e filósofos. No final das contas, são apenas definições, nem certas, nem erradas, apenas mais ou menos úteis. Eu não acredito, no entanto, que essas acrobacias verbais abordam a questão que preocupa as pessoas normais, perdão, quero dizer as não filósofas. Uma pesquisa de 2019,[92] com mais de 5 mil participantes de 21 países, revelou que "através das culturas, pessoas exibindo uma maior reflexão cognitiva eram mais inclinadas a considerar o livre-arbítrio incompatível com o determinismo causal". Parece que não nascemos para sermos compatibilistas. É por isso que, para muitos de nós, estudar física sacode nossas crenças sobre o que pensamos ser o livre-arbítrio, como, aliás, aconteceu comigo. Esse é, na minha opinião, o problema que precisa ser abordado.

★ ★ ★

Como se pode ver, não é fácil encontrar um sentido para o livre-arbítrio, enquanto respeitamos as leis da natureza. O problema, fundamentalmente, é que, por tudo que conhecemos hoje, emergências fortes não são possíveis. Isso significa que todas as propriedades nos níveis mais altos de um sistema, aquelas em grandes escalas, derivam dos níveis mais profundos nos quais usamos a física de partículas. Portanto, não importa como definamos *livre-arbítrio*, ele ainda será deduzido do comportamento microscópico das partículas, pois tudo o é.

A única maneira que eu vejo para que o livre-arbítrio faça sentido é, portanto, a de que a derivação a partir da teoria microscópica falha para alguns casos devido a alguma razão. A emergência forte poderia ser de fato uma propriedade da natureza e poderíamos ter fenômenos macroscópicos, o livre-arbítrio entre eles, que são verdadeiramente independentes da microfísica. Não temos ainda a menor evidência de que isso de fato aconteça, mas é interessante pensar sobre como seria.

Para começar, as técnicas matemáticas, que usamos para resolver as equações que relacionam as leis microscópicas com as macroscópicas, nem sempre funcionam. Elas se baseiam muitas vezes em certas aproximações,[93] e quando essas aproximações não são adequadas para descrever o sistema de interesse, nós simplesmente não sabemos o que fazer com as equações. Esse é, sem dúvida, um problema prático, mas não importa, no que se refere às propriedades das leis em si. A relação entre os níveis mais profundos e os mais altos não desaparecem apenas por não sabermos como resolver as equações que os conectam.

O que nos aproxima um pouco mais da emergência forte são dois exemplos[94] para os quais físicos têm estudado se existe um sistema composto que possa ter propriedades cujos valores são indecidíveis para um computador. Teríamos, assim, um argumento muito melhor para afirmar que um fenômeno macroscópico é "livre" da microfísica, do que simplesmente dizer que não sabemos como calculá-lo. Isso na verdade prova que não pode ser calculado. No entanto, esses dois exemplos requerem sistemas infinitamente grandes para funcionarem. A afirmação então se reduz a de que para sistemas infinitamente grandes, certas

146

propriedades não podem ser calculadas por um computador clássico em um tempo finito. Não se trata de uma situação que tenhamos encontrado na realidade e, portanto, não ajuda na questão do livre-arbítrio.

No entanto, pode ser que haja outra razão para que a dedução de comportamentos macroscópicos a partir da microfísica falhe. É possível que, durante um cálculo, deparemo-nos com uma singularidade além da qual simplesmente não possamos ir em frente, nem na prática, nem em princípio. Isso não necessariamente traz os infinitos de volta, pois na matemática um ponto singular nem sempre está associado a algo que se torna infinito, é simplesmente um ponto onde uma função não pode continuar.

Nós não temos atualmente nenhuma razão para pensar que isso seja assim devido à microfísica real que constatamos em nosso universo. É concebível, no entanto, que possa acabar sendo assim, quando entendermos melhor a matemática. Portanto, se você quiser acreditar em um livre-arbítrio, que é verdadeiramente governado por leis da natureza independentes daquelas da física de partículas elementares, a possibilidade de que a dedução de leis macroscópicas caia em um ponto singular parece ser a mais razoável. É uma aposta arriscada,[95] mas compatível com tudo que conhecemos hoje.

VIDA SEM LIVRE-ARBÍTRIO

O escritor norte-americano especializado em ciência John Horgan me chama de "negacionista do livre-arbítrio" e, a essa altura, você entende por quê. No entanto, eu certamente não nego que muitos seres humanos têm a sensação de possuírem livre-arbítrio. Nós também temos a impressão de que o momento presente é especial e já vimos que isso se trata de uma ilusão. Se eu seguisse minhas impressões, diria que as linhas horizontais na Figura 12 não são paralelas. Se eu aprendi alguma coisa na minha pesquisa sobre os fundamentos da física, é que não deveríamos contar com nossas impressões pessoais. É preciso mais do que uma impressão para inferir como a natureza realmente funciona.

147

Eu não quero me gabar, mas penso que nós humanos fizemos até agora um belo trabalho tentando destrinchar as leis da natureza, apesar das limitações dos nossos cérebros. Nós, afinal de contas, *conseguimos* entender que o "agora" é uma ilusão e, usando o melhor do nosso cérebro, podemos nos debruçar e medir as linhas da Figura 12 para nos convencermos de que são de fato paralelas. Elas continuarão não *parecendo* paralelas, mas saberemos que são paralelas apesar disso. Acho que devemos lidar com o livre-arbítrio da mesma forma: deixar de lado nossas sensações intuitivas e, ao contrário, seguir a razão até sua conclusão. Você talvez ainda *sinta* como se tivesse livre-arbítrio, mas saberá que na verdade está executando uma computação sofisticada no seu processador neural.

Figura 12
"A ilusão da parede do café". As linhas horizontais são paralelas.

Eu, no entanto, não estou tentando doutrinar você. Tudo depende, como já disse, de como você define *livre-arbítrio*. Caso prefira a definição compatibilista de *livre-arbítrio* e quiser continuar a usar a expressão, a ciência nada diz contra isso. Portanto, para a pergunta deste capítulo, se a física descartou o livre-arbítrio, a resposta é não!

A física simplesmente descartou algumas ideias sobre livre-arbítrio. Afinal, por tudo que sabemos atualmente, o futuro é determinado, exceto para eventuais eventos quânticos, que, como já sabemos, não podemos controlar.

Como podemos lidar com isso? Essa pergunta me é feita um monte de vezes. O problema, parece-me, é que muitos de nós crescemos com ideias intuitivas sobre nossas próprias tomadas de decisão. Quando essas ideias ingênuas entram em conflito com o que aprendemos da física, precisamos reajustar nossa autoimagem e isso não é nada fácil. Existem, porém, alguns caminhos para resolver essa situação.

O caminho mais fácil para lidar com esse conflito é através do dualismo, de acordo com o qual a mente tem um componente não físico. Usando o dualismo, você pode considerar o livre-arbítrio como um conceito acientífico, uma propriedade da alma, se quiser. Isso seria compatível com a física, desde que o componente não físico não interaja com o físico, pois, do contrário, estará em choque com as evidências, tornando-se algo físico. Como foi demonstrado que a parte física do cérebro é o que usamos para tomar decisões, eu não vejo o que podemos ganhar em acreditar em um livre-arbítrio imaterial, mas isso não é um problema novo no dualismo e, pelo menos, não está errado.

Você também tem a opção de usar uma pequena brecha na derivação a partir da microfísica que detalhei anteriormente. Suspeito, no entanto, que se você disser para alguém que acredita na realidade do livre-arbítrio porque as equações do grupo de renormalização* poderiam levar a uma singularidade incontornável, poderia também, ao invés disso, escrever NERD na testa.

Eu pessoalmente acho que a melhor maneira para lidar com a impossibilidade de mudar o futuro é se desviar do modo como pensamos sobre o nosso papel na história do universo. Estamos aqui, portanto, com ou sem livre-arbítrio, temos importância. Não sabemos

---

* N.T.: Grupos de renormalização são técnicas matemáticas para contornar as singularidades que possam aparecer em soluções das equações das leis da natureza.

A ciência tem todas as respostas?

ainda, no entanto, se nossos arbítrios serão uma história feliz ou triste, se nossa civilização florescerá ou definhará, ou se seremos lembrados ou esquecidos. Em vez de pensarmos que escolhemos possíveis futuros, sugiro que permaneçamos curiosos sobre o que virá e nos esforcemos para aprender mais sobre nós mesmos e o universo em que habitamos.

Eu descobri que abandonar a ideia de livre-arbítrio mudou a maneira como penso sobre minhas próprias reflexões. Eu comecei a prestar mais atenção sobre o que sabemos a respeito das limitações da cognição humana, bem como sobre falácias lógicas e vieses. Eu me tornei mais seletiva e cuidadosa com o que leio e ouço quando me dei conta de que, ao fim e ao cabo, apenas trabalho sem parar sobre as informações que coleto.

Em algumas circunstâncias, por mais estranho que isso pareça, tive que trabalhar duramente para me convencer a ouvir a mim mesma. Por exemplo, durante vários anos eu viajava regularmente entre a Alemanha e a Suécia, colecionando dezenas de voos por ano. Mesmo assim, por alguma razão, não me ocorreu me inscrever em um programa de milhas. Eu me senti burra quando alguém me perguntou sobre isso, quando já haviam transcorridos dois anos nessa ponte área. Mas em vez de me inscrever imediatamente em um programa desses, deixei de lado, argumentando que já tinha perdido tantos benefícios que não me importava mais. É um exemplo curioso de aversão a perdas ("jogar mais dinheiro fora"), embora no caso não se tratasse de perder dinheiro, mas de não ganhar benefícios. Ao reconhecer isso, eu finalmente me inscrevi no cartão de milhagem. Eu não teria feito isso ao final se não tivesse me dado conta de que tinha um viés cognitivo que não imaginava ter. Eu teria, sem esse reconhecimento, esquecido o assunto, continuando assim a trabalhar contra meus próprios interesses.

Não estou contando isso porque estou orgulhosa de ter tomado uma decisão racional (pelo menos nesse caso). É justamente pelo contrário, estou dizendo que sou tão irracional quanto qualquer pessoa.

Penso, no entanto, que tenho me beneficiado com a aceitação de que meu cérebro é uma máquina, ainda que sofisticada, admito, mas ainda assim propensa a erros; o que ajuda a conhecer quais são as incumbências que ela enfrenta.

A maioria das pessoas, quando digo que não acredito em livre-arbítrio, brinca comigo dizendo que eu não poderia agir de outra forma. Se você tinha essa piada em mente, vale a pena refletir por que isso foi fácil de prever.

LIVRE-ARBÍTRIO E AS MORAIS

Em 13 de janeiro de 2021, Lisa Marie Montgomery tornou-se a quarta mulher a ser executada nos Estados Unidos, a primeira em 67 anos. Ela foi sentenciada à morte pelo assassinato de Bobbie Jo Stinnett, de 23 anos de idade na ocasião de sua morte, grávida de oito meses. Montgomery fez amizade com a jovem em 2004. Em 16 de dezembro desse mesmo ano, ela visitou Stinnett e a estrangulou. Após o assassinato, Lisa cortou o ventre da grávida morta e retirou a criança nascitura. Durante alguns dias, Montgomery fingiu que o filho era dela, mas confessou rapidamente ao ser acusada pela polícia. O recém-nascido, são e salvo, foi entregue ao pai.

Por que alguém cometeria um crime tão cruel e sem sentido como esse? Uma examinada na vida de Montgomery é reveladora.

Montgomery, de acordo com seus advogados, foi abusada fisicamente pela mãe desde a infância. A partir de seus 13 anos, ela foi regularmente estuprada pelo seu padrasto, um alcoólatra, e os amigos dele. Ela buscou inúmeras vezes, mas sem sucesso, ajuda das autoridades. Montgomery se casou cedo, aos 18 anos. Seu primeiro marido, com quem teve quatro filhos, também abusava fisicamente dela. Na época do crime, ela havia sido esterilizada, mas às vezes fingia estar novamente grávida. Uma vez presa, Montgomery foi diagnosticada[96] com uma longa lista de problemas de saúde mental: "transtorno bipolar,

A ciência tem todas as respostas?

epilepsia de lobo temporal, estresse pós-traumático complexo, transtorno dissociativo, psicose, lesão cerebral traumática e, muito provavelmente, síndrome alcoólica fetal".

Eu ficaria surpresa se o parágrafo anterior não mudasse sua opinião sobre Montgomery. Ou então, caso já conhecesse a história, ficaria surpresa se você não tivesse tido uma reação similar quando a ouviu pela primeira vez. O abuso que ela sofreu contribuiu para o crime, sem dúvida alguma. O abuso deixou uma marca na psique e na personalidade que contribuiu para as ações dela. Em que medida ela poderia mesmo ser considerada responsável? Ela própria não era uma vítima, negligenciada pelas instituições que supostamente deveriam tê-la protegido, perturbada demais para ser imputada? Ela agiu de acordo com seu próprio livre-arbítrio?

Frequentemente, associamos dessa forma o livre-arbítrio à responsabilidade moral, que é como ele entra em nossas discussões sobre política, religião, crime e punição. Muitos de nós também usamos o livre-arbítrio como um dispositivo da razão para avaliar questões pessoais de culpa, remorso e responsabilização. De fato, muito do debate sobre livre-arbítrio na literatura filosófica não se refere sobre a sua existência ou não, mas sim sobre como se conecta à responsabilidade moral. A preocupação é que, se o livre-arbítrio desaparecesse, a sociedade desmoronaria, pois responsabilizar as leis da natureza não faz sentido.

Eu acho essa preocupação absurda. Se o livre-arbítrio não existe, nunca existiu e, portanto, se a responsabilidade moral atuou assim até agora, por que ela deixaria de ser assim, de repente, só porque entendemos melhor a física? Seria como se as tempestades tivessem mudado ao entendermos que elas não são causadas por Zeus lançando raios.

O discurso filosófico sobre responsabilidade moral parece-me, portanto, supérfluo. É até simples explicar por que nós, tanto como indivíduos quanto como sociedade, atribuímos responsabilidades às pessoas, em vez de às leis da natureza. Nós buscamos pela melhor estratégia para otimizar nosso bem-estar. E tentar mudar as leis da natureza seria uma péssima estratégia.

Aqui também podemos debater o que significa exatamente *bem-estar*, e o fato de que não há um consenso sobre seu significado é a principal fonte de conflito. Mas saber exatamente o que é que nosso cérebro tenta otimizar, bem como qual é a diferença entre a sua e a minha otimização, não é a questão central. O ponto é que você não precisa acreditar no livre-arbítrio para alegar que prender assassinos beneficia as pessoas que poderiam ser vítimas potenciais, enquanto tentar mudar as condições iniciais do universo não beneficiaria ninguém. É nisso que tudo desemboca: nós avaliamos quais ações provavelmente melhoram mais nossas vidas no futuro. Quando nos deparamos com essa questão, quem se importa se os filósofos ainda não acharam uma boa definição de *responsabilidade*? Se você for um problema, outras pessoas tomarão as medidas para resolver o problema, elas "o tornarão responsável", pelo simples fato de você representar uma ameaça.

Dessa forma, podemos parafrasear qualquer discussão sobre livre-arbítrio e responsabilidade moral sem usar esses termos. Por exemplo, em vez de questionar sobre o livre-arbítrio de alguém, podemos debater se a prisão seria realmente a melhor intervenção. Nem sempre é o caso, em algumas circunstâncias cuidados de saúde mental e prevenção de violência doméstica podem ser meios melhores de promover a redução de crimes a longo prazo. É claro que há outros fatores a serem considerados, tais como retaliações e intimidações, entre outros. Aqui não é o lugar para termos essa discussão, queria simplesmente demonstrar que é possível discutir isso sem recorrer ao livre-arbítrio.

O mesmo pode ser feito para situações pessoais. Toda vez que fazemos uma pergunta como "Mas eles poderiam ter agido de modo diferente?", estamos avaliando a probabilidade de que aquilo ocorra novamente. Se você chegar à conclusão de que dificilmente aquilo se repetirá (em termos de livre-arbítrio, diria algo como "eles não tinham outra escolha"), talvez os perdoe ("eles não foram responsáveis"). Se, por outro lado, você achar que é possível que ocorra novamente ("eles fizeram de propósito"), provavelmente vai evitá-los no futuro ("eles foram os responsáveis"). No entanto, é possível parafrasear a discussão sobre responsabilidade moral em termos de uma avaliação sobre sua melhor estratégia. Você poderia, por exemplo, raciocinar assim: "Eles se atrasaram porque furou um pneu. Não é provável que aconteça novamente, portanto, se me aborreço com isso, posso perder bons amigos". Livre-arbítrio é absolutamente desnecessário para isso.

Deixe-me dizer que não estou impondo que você pare de se referir ao livre-arbítrio. Caso ache útil, por favor, continue. Eu só queria oferecer exemplos de que podemos fazer julgamentos morais sem ele. Eu me importo com isso, pois me sinto ofendida de ser taxada como um defunto moral só porque concordo com Nietzsche de que o livre-arbítrio é um oxímoro.

A situação não melhora em nada com as recorrentes afirmações de que as pessoas que não acreditam no livre-arbítrio são passíveis de trapacearem ou prejudicarem os outros. Essa visão foi manifestada,[97] por exemplo, por Azim Shariff e Kathleen Vohs em um artigo publicado em 2014 na revista *Scientific American*, no qual diziam que as suas pesquisas mostraram que "quanto mais as pessoas duvidam do livre-arbítrio, mais lenientes se tornam em relação a acusados de crimes, bem como apresentam uma tendência maior de quebrar regras e prejudicar os outros para conseguir o que querem".

Primeiro, devemos notar que, como é frequente em psicologia, outros estudos mostram resultados diferentes. Um estudo de 2017 sobre livre-arbítrio e comportamento moral,[98] por exemplo, conclui que "observamos que a descrença no livre-arbítrio teve um impacto positivo na moralidade das decisões em relação aos outros". A questão é tema de pesquisa em andamento, e esse breve resumo diz simplesmente que ainda não está claro como a crença no livre-arbítrio se relaciona com o comportamento moral.

Seria mais esclarecedor entender, antes de mais nada, como esses estudos foram conduzidos. Esses estudos, normalmente, utilizam dois grupos separados, um condicionado a duvidar do livre-arbítrio e um outro grupo de controle neutro. Tornou-se comum, para o

A Física descartou o livre-arbítrio?

condicionamento contra o livre-arbítrio,[99] o uso de passagens do livro *The Astonishing Hypothesis: The Scientific Search for the Soul*, de Francis Crick, publicado em 1994. Aqui temos um excerto:

> Você, seus prazeres e suas angústias, suas memórias e ambições, seu senso de identidade pessoal e de livre-arbítrio, não são, de fato, nada mais que o comportamento de um vasto conjunto de células nervosas e suas moléculas. Você não é nada além de um pacote de neurônios.

Essa passagem, no entanto, faz mais do que informar imparcialmente as pessoas de que as leis da natureza são incompatíveis com o livre-arbítrio. Ela também desabona o senso de propósito e ação das pessoas ao usar expressões como "nada mais" e "nada além". A passagem também falha ao não lembrar o leitor que este "vasto conjunto de células nervosas" pode realmente fazer coisas incríveis, como ler informações sobre si mesmo e, o mais interessante, ser capaz de entender do que tal conjunto é feito.

É claro que a passagem de Crick é formulada deliberadamente de forma drástica para transmitir sua mensagem (como também são algumas das passagens no capítulo "Somos apenas sacolas cheias de átomos?" deste livro) e não há nada de errado nela em si mesma. No entanto, a passagem não condiciona os leitores a apenas questionarem o livre-arbítrio, condiciona também ao fatalismo – a ideia de que não importa o que se faça. Imagine que o condicionamento se desse com a seguinte passagem no lugar da anterior:

> Você, seus prazeres e suas angústias, suas memórias e ambições, seu senso de identidade pessoal e de livre-arbítrio são o resultado de um delicado e entrelaçado conjunto de células nervosas e suas moléculas. O pacote de neurônios é o produto de bilhões de anos de evolução. Ele nos dota com uma habilidade sem paralelos de comunicar e colaborar, bem como uma capacidade para um pensamento racional que é superior a todas as outras espécies.

O texto não é tão incisivo como a versão de Crick, tenho que admitir, mas espero que ilustre o que quero dizer. Esse texto também informa os leitores de que seus pensamentos e ações são devidos inteiramente à atividade neuronal. Ele informa isso, no entanto, destacando como são extraordinárias nossas habilidades para pensar. Você não acha que seria interessante ver se as pessoas preparadas dessa forma para não acreditarem no livre-arbítrio ainda estariam mais inclinadas a trapacear em provas?

A RESPOSTA RÁPIDA

De acordo com as leis da natureza atualmente estabelecidas, o futuro é determinado pelo passado, exceto para eventos quânticos ocasionais sobre os quais não temos influência. Usar isso para dizer que o livre-arbítrio não existe depende da sua definição de *livre-arbítrio*.

OUTROS OLHARES 3

A CONSCIÊNCIA
PODE SER COMPUTADA?

Uma entrevista com *Roger Penrose*

Quando entro no escritório de Roger Penrose, encontro-o inclinado sobre a escrivaninha, com o nariz a 10 centímetros da tela do seu notebook. Ele pisca por trás das lentes grossas de seus óculos, lendo a apresentação que daria mais tarde. Eu, agora nos meus 40 e poucos anos, já me considero velha, mas me dou conta de que Roger tem mais que o dobro da minha idade. Ele vem colecionando prêmios, medalhas e honrarias desde antes de eu nascer. Roger é professor emérito de matemática na Universidade de Oxford e tem tantas coisas nomeadas em sua homenagem – mosaicos de Penrose, diagramas de Penrose, triângulo de Penrose, o processo de Penrose, os teoremas de Hawking-Penrose –, que é difícil acreditar que ainda não tivesse recebido o Prêmio Nobel. Mal sabia eu, em 2019, que ele o receberia no ano seguinte.

Ele me olha de relance e se desculpa vagamente pelo atraso, enquanto aumenta o tamanho da fonte do texto no computador para alguma coisa que se parece com 200 pontos. Eu lhe asseguro que não tem problema e desembalo meu tablet e o gravador.

Estou aqui para participar, na Universidade de Oxford, de uma conferência sobre modelos matemáticos e consciência, mas Roger concordara gentilmente em conceder uma entrevista durante um dos intervalos do evento. Sua palestra é logo após o intervalo e ele está ocupado rearrumando seus slides, uma eclética mistura de matemática, mecânica quântica, cosmologia e neurobiologia.

Além de aplicar suas habilidades matemáticas para resolver problemas de física – como a questão de se as estrelas podem colapsar em

157

buracos negros –, Roger tem levado adiante numerosas ideias especulativas sobre o funcionamento fundamental da natureza. Entre essas ideias, ele especula sobre se a gravidade causa a redução da função de onda e se o universo é cíclico, indo da expansão à contração e a um novo Big Bang, indefinidamente. Havia vários temas para conversar, mas estou particularmente interessada em suas visões sobre consciência.

Como sempre, eu começo perguntando, "você é religioso?".

"Não sou religioso em nenhum dos sentidos da palavra que as pessoas usualmente consideram", responde.

"Em algum outro sentido?"

"Eu acredito em deus?", Roger se pergunta. "Não, não no sentido usual da palavra."

"Você acredita que o universo tem um propósito?", pergunto, supondo que ele quer acrescentar algo à resposta.

"Você está chegando perto...", diz Roger com hesitação. "Eu não sei se o universo tem um propósito, mas diria que há algo a mais nisso, no sentido de que a presença de seres conscientes é provavelmente algo mais profundo, não apenas aleatório. É difícil dizer. Não é que eu tenha alguma coisa concreta para dizer sobre o que acredito, eu somente não consigo achar que dizer que é por acaso seja uma explicação suficiente."

Pergunto, então: "Você acha que a consciência se encaixa na estrutura que os físicos montaram até agora?".

"Não", diz Roger. "Essa é uma crença que mantive por muito tempo. Quando era um estudante de graduação, estava muito perturbado pelo que pensei ter ouvido sobre o teorema de Gödel, que parecia dizer que existiam coisas na matemática que não poderíamos provar. Então, eu fui a um curso dado pelo [matemático] Stourton Steen. A maneira como ele descreveu o teorema de Gödel não era a de que existiriam coisas que não podemos provar. Ele explicou que podemos ter um sistema lógico, que em princípio pode ser inserido em um computador, e se este for alimentado com um teorema matemático, ele ou cospe uma resposta, se o teorema é verdadeiro ou falso, ou segue para sempre sem responder. Supõe-se que esse sistema segue uma fundamentação confiável, do contrário, de que adiantaria? Portanto, ele segue as regras e, se diz que o teorema é verdadeiro, então você acredita que ele é verdadeiro".

"Seguindo essas regras, podemos construir uma nova demonstração matemática, essa é a afirmação de Gödel. Podemos ver, portanto, pela maneira como ele é construído, que o teorema de Gödel é verdadeiro. Sua veracidade deriva da crença de que o sistema somente fornece a verdade. Mesmo assim, você pode mostrar pela construção do teorema de Gödel, que o computador não pode deduzir [que] ela seja verdadeira."

O famoso teorema (o segundo) da incompletude de Gödel é normalmente apresentado como uma afirmação sobre conjuntos de axiomas matemáticos, isto é, suposições a partir das quais extraímos conclusões lógicas. Gödel demonstrou que a consistência de qualquer conjunto de axiomas (que é no mínimo tão complexo quanto o conjunto dos números naturais) é improvável. Ele formulou afirmações – as *afirmações de Gödel* ou as *sentenças de Gödel* – que são verdadeiras, mas não podemos *provar* que o são dentro do conjunto de axiomas. A interpretação de Penrose é que nós humanos somos capazes de reconhecer uma verdade, que um algoritmo de computador, alimentado apenas com os axiomas, cuja consistência está em questão, não pode perceber. Se o algoritmo pudesse ver a verdade, ele poderia prová-la, contradizendo o teorema de Gödel. Eu tenho algo a mais a dizer sobre isso no capítulo "Os humanos são previsíveis?", mas vejamos primeiro o que mais Roger diz.

"Eu acho isso extraordinário porque nos diz que sua crença de que o sistema funciona é maior do que o sistema em si. O que se faz que permita transcender o sistema? O que está acontecendo nesse processo? Para mim é uma demonstração inequívoca da força da compreensão. Eu não sei qual compreensão seria, mas me parece que não pode ser pela computação. O que quer que aconteça na compreensão consciente, não é a mesma coisa que uma computação complicada."

Isso realmente não faz sentido para mim. Então, pergunto: "como você concilia isso com o conhecimento de que, no final das contas, somos feitos de partículas e elas obedecem a equações computáveis?".

"Sim. Como funciona isso?", Roger se pergunta, acenando com a cabeça. "Primeiro, pensei comigo mesmo, 'quem sabe seja o contínuo. Por isso não seria, estritamente falando, uma computação.' Mas não acho mais que essa seja a resposta. Você pode enfiar a mecânica newtoniana e a relatividade geral no computador e realizar cálculos com toda a precisão que se queira. Então pensei, 'e quanto à mecânica quântica?'. Temos a equação de Schrödinger, que ainda é só computação, mas além disso existe o processo da medida. Eu pensei então, 'bem, aí está a grande lacuna no nosso conhecimento', e penso que tem que haver alguma teoria sobre o que de fato está acontecendo nessa redução (ou atualização) de um estado quântico. Como essa era a única lacuna que consegui enxergar, pensei que teria que ser isso mesmo."

Ele ri e continua. "Eu tive a ideia de que quando me aposentasse – o que na época parecia algo no futuro longínquo, mas que agora já está bem distante no passado –, escreveria um livro. Era o *A mente nova do rei*, que eu acabei escrevendo antes de me aposentar. Eu explicaria, em primeiro lugar, o que sabia sobre física e, então, tentaria aprender algo sobre neurofisiologia, sinapses e as maneiras curiosas como operam. Pensei então que quando tivesse aprendido tudo isso, buscaria um lugar onde a redução de estados quânticos desempenhasse um papel relevante. Mas não achei e, por isso, na minha opinião, o livro perdeu força no final. Eu dei uma ideia bem absurda, na qual não acredito, e interrompi o livro aí."

"Veja você", explica Roger, "eu tinha a esperança de que meu livro poderia estimular jovens a olhá-lo. Mas só tive respostas de pessoas aposentadas, aparentemente eram as únicas que tinham tempo para ler o livro! Eu recebi, então, uma carta de Stuart Hameroff que dizia: 'você precisa olhar esses pequenos tubos, os microtúbulos'. Eu recebo um monte de cartas malucas e pensei: 'essa é mais uma'. Mas depois pesquisei o assunto e pensei que deveria ter conhecido isso antes. É um bom lugar para a coerência quântica."

Roger Penrose e Stuart Hameroff continuaram em contato e escreveram juntos uma série de artigos sobre microtúbulos, que são pequenos tubos de proteínas encontrados nas células, inclusive nos

160

neurônios. A ideia por trás é que coleções de microtúbulos nos neurônios podem apresentar comportamento quântico. Quando os estados quânticos dos microtúbulos[100] são reduzidos, isto é, os efeitos quânticos desaparecem, a percepção consciente surge e o livre-arbítrio torna-se possível. Essa conjectura é chamada de *redução objetiva orquestrada*, ou *Orch OR*, como foi abreviada.

A redução objetiva orquestrada[101] foi recebida com ceticismo pelos cientistas, tanto na física quanto na neurobiologia. A principal razão para o ceticismo[102] é que na mecânica quântica padrão os microtúbulos não poderiam manter os efeitos quânticos por um tempo nem remotamente suficiente para desempenhar algum papel na atividade neuronal. Ou seja, seria necessária uma mudança significativa[103] na mecânica quântica para que a ideia pudesse funcionar. E é o que acontece, segundo os argumentos de Penrose e Hameroff. É possível, mas improvável e sem nenhuma evidência a favor. Além disso, continua obscura a ideia de que a perda de efeitos quânticos nos microtúbulos tem a ver com a consciência ou o livre-arbítrio.

Como se pode ver, não estou convencida desse assunto com os microtúbulos. Mesmo assim, fico intrigada com a conexão que Roger vê entre consciência e a redução da função de onda.

"Se eu pudesse resumir", sugiro, "você está dizendo que o processo quântico de medição é a lacuna que temos nos fundamentos da física e, se o conhecimento não é uma computação, é aí que está o problema. Ou seja, o processo de medição depende da consciência humana?"

"Você precisa ler isso da maneira correta", retruca Roger. "Muitos cientistas de fundamentos da mecânica quântica, incluindo John von Neumann e Eugene Wigner, tinham a opinião de que, de alguma forma, a redução do estado seria causada pela observação de um ser consciente. Isso não fez muito sentido para mim."

Ele apresenta um exemplo: "imagine uma sonda espacial procurando planetas. Ela visita um planeta sem nenhum ser consciente, nem no planeta e em nenhum lugar próximo, e tira uma fotografia. Considere agora que o clima é um sistema caótico e que em última instância depende de efeitos quânticos. A sonda espacial observa, desse modo, uma superposição de diferentes tipos de clima. Ela tira a fotografia e envia para a Terra. Depois de não sei quantos anos, alguém olha a foto em uma tela. E assim, quando um ser consciente vê a foto, pronto, de repente tudo se transforma em um único clima? Isso não faz nenhum sentido para mim. Parece-me que, com certeza, não é a resposta correta."

"Portanto não é a consciência que causa a redução da função de onda, mas é a redução que desempenha um papel na consciência?"

"Sim", diz Roger. "E não é assim que as pessoas pensam sobre isso. Eu estou bem surpreso que tão poucas pessoas pensaram nisso desse jeito. A ideia é que algo ocorre nos processos cerebrais. Microtúbulos provavelmente desempenham um papel, mas talvez não sejam os únicos no processo. A pergunta é o que induz o estado ao colapso. Isso deve ser algo fundamental e deve ser algo além da mecânica quântica padrão."

A RESPOSTA RÁPIDA

Se a consciência emerge das leis fundamentais da física que já conhecemos, ela é computável. No entanto, a atualização (redução ou colapso) da função de onda na mecânica quântica poderia sinalizar que não estamos percebendo uma parte da história, que não seria computável. Se for assim, pode ser que a consciência também não seja computável. Isso não significaria que a consciência causaria atualização da função de onda, pelo contrário: a atualização da função de onda desempenharia um papel na consciência. Essa ideia é altamente especulativa e nenhuma evidência aponta nessa direção, mas, no presente, é compatível com o que conhecemos.

O UNIVERSO FOI FEITO PARA NÓS?

IMAGINE SE NÃO HOUVESSE RELIGIÕES

Ao nascer, nós não podemos andar, nem focar nosso olhar, muito menos fazer uma pergunta. Quando crescemos, o nosso mundo se expande. Nós exploramos o berço, o quarto, o apartamento e a varanda. Vamos à primeira excursão ao parquinho. Então vem a escola, a faculdade, a primeira viagem de avião. Nós nos damos conta de que vivemos em um planeta habitado por mais de 7 bilhões de pessoas e que a cultura na qual crescemos é apenas uma entre centenas de outras. Aprendemos que o planeta Terra tem bilhões de anos, a civilização moderna é apenas um piscar de olhos nessa linha do

163

A ciência tem todas as respostas?

tempo, os pontos luminosos no céu são outras estrelas, alguns deles galáxias inteiras em um universo que pode muito bem ser infinito.

A nossa exploração do mundo vem junto com o reconhecimento da nossa própria insignificância, e a ciência tornou essa mensagem ainda mais flagrante. O universo é grande e nós somos pequenos, meramente umas criaturas rastejando em um planeta rochoso de médio porte, apenas mais um entre cerca de 100 bilhões de outros em uma das 200 bilhões de galáxias no universo visível. Nós somos absolutamente insignificantes: a maior parte da matéria no universo, cerca de 85%, é matéria escura, que não é a matéria de que somos feitos, e, de qualquer modo, não importa o que realizemos, tudo será apagado no final com o aumento da entropia.

Alguns sentem conforto nessa insignificância, outros a acham perturbadora, pois prefeririam que humanos desempenhassem um papel mais relevante. A nossa existência deveria certamente significar algo, insistem. Não é algo peculiar, eles perguntam, que o universo é como é, de modo que podemos ser do jeito que somos? Não haveria algo de especial nisso?

A discussão sobre o universo ser especialmente apto para o desenvolvimento da vida, ou que a nossa existência sinaliza a presença de um ser inteligente, arranjando as coisas "na medida certa", atravessa a fronteira entre ciência e religião. A postura de que o universo requer um criador foi abraçada, por exemplo, pelo filósofo e teólogo Richard Swinburne, mas também pelos astrofísicos Geraint Lewis e Luke Barnes, que argumentam que suas visões são baseadas na ciência. A visão radicalmente oposta foi pronunciada, de modo mais veemente, por Stephen Hawking, que diz que vivemos em um multiverso que elimina a necessidade de um criador.

Esses argumentos parecem ser exatamente opostos: um afirma que o criador é necessário e o outro que não é. No entanto, são similares, posto que ambos são acientíficos. Os dois argumentos postulam a existência de entes que são desnecessários para descrever o que observamos.

* * *

O universo foi feito para nós?

O problema é o seguinte: as leis da natureza conhecidas atualmente[104] contêm 26 constantes e não podemos calculá-las, apenas determinamos seus valores através de medições. A *constante de estrutura fina* (α) define a intensidade da força eletromagnética. A *constante de Planck* ($\hbar$) determina quando a mecânica quântica é relevante. A *constante de Newton* (G) quantifica a força da gravitação. A *constante cosmológica* (Λ) determina a taxa de expansão do universo. Além disso, há as massas das partículas elementares e assim por diante.

Podemos nos perguntar agora "como seria o universo se uma ou várias dessas constantes tivessem um valor um pouco diferente das que medimos?". Imaginem Deus em frente a um painel com botões, cada um deles associado ao nome de uma constante. Deus, com um sorriso maroto, gira os botões para outros valores daqueles que temos no nosso universo e os humanos, repentinamente, desaparecem.

Os processos essenciais para a vida, como a conhecemos, poderiam não acontecer com a mudança das constates da natureza e, portanto, não existiríamos. Por exemplo, se a constante cosmológica fosse demasiadamente grande, as galáxias nem se formariam. A fusão nuclear não acenderia estrelas, se a força eletromagnética fosse bem mais forte. Existe uma longa lista de cálculos desse tipo, mas eles não são parte relevante do argumento, por isso vou deixá-los de lado.

Vamos, em vez disso, ir direto à parte relevante, que é a seguinte: é extremamente improvável que essas constantes tenham coincidentemente os valores exatos que permitem nossa existência. O universo como o observamos requer, portanto, uma explicação, um deus que sintonize os botões. Caso deus não seja o responsável, precisamos de outra explicação. A hipótese do multiverso seria presumivelmente uma alternativa, pois, se existe um universo para cada combinação possível de constantes,[105] segue o argumento, então o nosso tem que estar entre eles, o que explicaria tudo.

A hipótese do multiverso, no entanto, não explica nada. Uma boa hipótese científica é aquela que é útil para calcular os resultados das medidas. Você pode dizer se a hipótese tem algum valor observando se os cientistas a usam de fato – e com sucesso – para fazer esses cálculos

A ciência tem todas as respostas?

para os resultados das medidas. A hipótese do multiverso não é usada por ninguém para calcular algo de interesse prático. Essa hipótese não é útil porque para calcular as observações no nosso universo são necessários os valores dessas constantes. Simplesmente declarar "que existem", não serve para nada.

Os físicos, mesmo assim, tentam fazer cálculos com o multiverso e os resultados (ou melhor, ausência de resultados) chegam a ser hilários. Nesses cálculos, os físicos supõem que diferentes tipos de universo (diferentes valores para as constantes) têm certas probabilidades de existir. É a chamada *distribuição de probabilidade*. A distribuição de probabilidade para um dado não viciado é de 1/6 para cada face, por exemplo.

As probabilidades para a existência de outros universos não são mensuráveis, pois não podemos medir o que não observamos; então, os físicos simplesmente postulam alguma coisa. A partir disso, podem tentar calcular a probabilidade para alguma observação no nosso universo, mas isso é apenas uma paráfrase do que quer que seja que foi postulado antes; ou seja, ninguém aprende nada disso – entra bobagem, sai bobagem. Isso cria, no entanto, um novo problema, pois eles precisam, para começo de conversa, explicar o que é a probabilidade de alguém observar algo no multiverso. Além disso, o que "alguém" significa em um universo com leis da natureza diferentes?

Há alguns anos, por exemplo, um grupo de astrofísicos tentou utilizar a hipótese do multiverso para descobrir qual é a probabilidade de as galáxias e as constantes serem como são.[106] Eles usaram simulações de computador para esse fim, calculando como as galáxias se formam em universos com constantes cosmológicas diferentes. Aqui vai um trecho do artigo deles:

> Poderíamos nos perguntar se qualquer forma de vida complexa pode ser um observador (uma formiga?), ou se precisamos ver a evidência de comunicação (um golfinho?), ou a observação ativa do universo como um todo (um astrônomo?).

Nós já sabíamos, é claro, que nem todos os valores para a constante cosmológica são compatíveis com as nossas observações, pois essa

O universo foi feito para nós?

constante determina a taxa de expansão do universo, que, se for rápida demais, despedaçaria as galáxias. Ver isso em simulações de computador é certamente bacana, mas elucubrações sobre golfinhos no multiverso não agrega nenhum conhecimento, apenas adiciona arbitrariamente uma distribuição de probabilidade não observável de universos que também não vemos. Os autores desenvolvem seu enigma:

> O que significaria aplicar duas [distribuições de probabilidades][107] diferentes nesse modelo para deduzir duas previsões distintas? Como poderiam todos os fatos físicos serem iguais e, mesmo assim, as previsões do modelo serem diferentes nos dois casos? Do que se trata a [distribuição de probabilidade], senão o universo? Seria apenas a nossa própria opinião subjetiva? Nesse caso, você pode se poupar do trabalho de calcular probabilidades e ficar diretamente com sua opinião sobre o modelo de multiverso.

Você pode se poupar desse trabalho, sem dúvida. Acho que essa é a discussão mais honesta na literatura científica de todos os tempos.

O fato de que o multiverso não explica os valores das constantes significa que precisamos de um criador? De modo algum, essa conclusão é igualmente acientífica, pois do ponto de vista científico não há nada aí que precise de uma explicação. O argumento da sintonia fina por parte de um criador apoia-se na afirmação de que os valores que observamos para as constantes são improváveis. Não existe, contudo, uma maneira sequer de quantificar essa probabilidade, pois nunca mediremos uma constante da natureza com um valor diferente do que o que já temos.

Precisamos coletar uma amostra de dados para quantificar uma probabilidade. Podemos fazer isso, por exemplo, jogando dados. Ao jogar o dado um número suficiente de vezes, você terá uma distribuição de probabilidades com base empírica. Uma distribuição de probabilidades com base empírica é justamente o que falta para as constantes da natureza. Por que é assim? Porque (rufem os tambores, por favor) elas são constantes.[108] É cientificamente sem sentido dizer que o único valor que temos observado até agora é "improvável". Não temos dados, e nunca teremos, que permitam quantificar a probabilidade de algo que não podemos observar. O improvável não pode ser quantificável e, portanto, não há nada que necessite de explicação.

Um exemplo disso, por analogia, seria se você enfiasse a mão às cegas em um saco e retirasse um papel como o número 7797480690527 e dissesse: "uau, isso foi absolutamente improvável! Preciso de uma explicação para isso?" Uma explicação seria provavelmente desnecessária, pois você não tem a menor ideia do que mais havia no saco. Pelo que você sabe, poderia conter trilhões de papéis com o mesmo número, uma meia perdida sua ou um monte de tartarugas ou, talvez, tudo isso junto ou ainda absolutamente nada. Se você retirar apenas um número, não tem como saber nada sobre a probabilidade de tirá-lo. Essa é a mesma situação para as constantes da natureza. Nós tiramos do saco um conjunto de números, mas apenas uma vez e não temos ideia se isso foi algo improvável ou não. E nunca saberemos.

É possível, é claro, supor simplesmente uma distribuição de probabilidades para as constantes da natureza, de modo a fazer valer o argumento da sintonia fina, como no caso do multiverso. Isso, no entanto, cria o mesmo problema. As conclusões sobre quão provável ou não é o nosso universo somente trazem de volta o que inserimos no problema. Em resumo, existiriam distribuições de probabilidades em que as constantes que medimos são improváveis e outras em que são prováveis. Os defensores da ideia de sintonia fina do universo simplesmente não usam as distribuições prováveis, pois assim seriam levados à conclusão que eles não querem.

A afirmação de que as constantes da natureza são finamente sintonizadas para a vida não é, basicamente, um argumento científico robusto, pois depende de suposições arbitrárias. Se, por um lado, a ciência não descarta a existência de um criador ou do multiverso, por outro lado, ela não demanda a existência nem de um, nem do outro.

★ ★ ★

Eu participei recentemente de um debate sobre a questão da sintonia fina do universo, organizado por uma instituição cristã britânica. O meu parceiro de discussão foi Luke Barnes,[109] que argumenta ser necessária uma explicação para as constantes da natureza. Ele é um dos autores do livro *A Fortunate Universe: Life in a Finely Tuned Cosmos*, de 2016.

Eu não aguardava entusiasmada pelo debate, achava que era fútil discutir com crentes da sintonia fina. Eles simplesmente não estão interessados em separar as partes científicas das acientíficas em seus argumentos. Além disso, não sou nada espontânea. Eu não consigo achar respostas para as questões mais óbvias quando sou colocada no foco. Confesso que às vezes erro a pronúncia do meu próprio nome e revelo sinceramente que a principal razão em aceitar o convite para o debate é porque seria paga para isso.

Na época do debate, começo de 2021, tanto o Reino Unido quanto a Alemanha estavam em quarentena por causa da pandemia de covid, por isso o debate foi remoto. Eu estava na Alemanha, Barnes na Austrália e o mediador no Reino Unido.

A imagem de Barnes revelou um homem de rosto largo, de meia idade, sem falhas no cabelo e com uma barba farta. Ele se posicionara em frente a uma estante de livros exibindo os que havia escrito. Ao conversar com ele percebi que era um astrofísico de primeira linha, entendia sua área em profundidade, tanto a observação, quanto a teoria. Ele fez na conversa o que muitos físicos fazem em resposta à minha crítica à sintonia fina: apontou que eu usava uma *interpretação frequentista* da probabilidade, em vez da *interpretação bayesiana*. Isso é verdade, mas eu faço isso porque de outro modo a alegação da sintonia fina não poderia nem ser formulada.

Na interpretação frequentista as probabilidades quantificam números relativos de ocorrências. Você provavelmente a conhece, pois é a interpretação usualmente ensinada nas escolas. Probabilidades frequentistas são objetivas, são afirmações sobre o que acontece. Por outro lado, na interpretação bayesiana as probabilidades são afirmações sobre uma expectativa que você tem a partir de uma crença *a priori* (usualmente chamada apenas de *a priori*). Essas probabilidades são subjetivas por construção.

A ciência tem todas as respostas?

Portanto, ao usarmos a interpretação bayesiana, o argumento da sintonia fina se resume a dizer que "baseado na minha crença prévia de que as constantes da natureza poderiam ser qualquer coisa,[110] estou surpreso que sejam o que são". Isso, contudo, não significa que o universo foi finamente sintonizado, mas apenas que se esperava um resultado diferente do encontrado. Grande coisa. A afirmação de que "baseado na minha crença prévia de que eu poderia acordar sendo qualquer coisa, estou surpresa em ser humano", tampouco significa que seria provável você acordar como um verme monstruoso. É muito mais provável que você tenha lido e sonhado com o livro de Kafka.

Luke Barnes concordou rapidamente, durante o debate, que afirmar que as constantes da natureza precisam de uma explicação não é um argumento científico. Eu fiquei surpresa, baseada na minha crença prévia de que cientistas tendem a ser relutantes em reconhecer argumentos acientíficos.

Thomas Bayes, em cuja homenagem são chamadas as probabilidades bayesianas, foi, a propósito, um pastor presbiteriano na Inglaterra do século XVIII. A primeira aplicação conhecida da probabilidade de Bayes foi, convenientemente, uma tentativa de provar a existência de Deus.[111] A prova não convenceu ninguém que já não estivesse convencido, mas algumas ideias, parece, não saem de moda.

VIVEMOS NO MELHOR DOS MUNDOS POSSÍVEIS?

Eu não gostei de física quando fui apresentada a ela no ensino médio. Era uma enxurrada de equações relacionando variáveis, cujos significados eu esquecia a toda hora, e o único propósito da disciplina parecia ser manipular as tais equações em novas formas. Eu me perguntava: será que não haveria um conjunto mínimo de equações do qual todo o resto seria derivado? Por que então ensinar todo esse entulho, caso houvesse esse conjunto?

O universo foi feito para nós?

Em resposta a isso me disseram que a teoria de tudo era certamente um sonho impossível. Até mesmo Einstein falhou na tentativa de achar uma teoria assim e o entulho veio para ficar, ao menos por enquanto, e assim passavam a lição de casa da semana.

Eu não buscava realmente uma teoria de tudo, mas tinha a esperança de que poderíamos empacotar alguns anos de física em apenas um mês e passar adiante. Mas no momento em que fui à teoria de tudo, ela me pareceu uma boa ideia.

O entulho todo permaneceu ao longo da minha educação escolar, mas boa parte subitamente desapareceu no meu primeiro semestre do curso de física na universidade, quando introduziram o *princípio da mínima ação*. Ele foi uma revelação: existe então um procedimento para chegar em todas essas equações! Por que ninguém me falou disso antes?

Hoje eu penso que não ensinam o princípio da mínima ação na escola porque senão todo mundo iria querer estudar física. Vamos ver como funciona, mesmo com esse aviso de que você pode ficar viciado nele.

Para cada sistema que queiramos descrever (um pêndulo oscilando, por exemplo), existe uma função chamada de *ação* (usualmente designada por S), que assume o menor valor possível para o comportamento do sistema que de fato ocorre na natureza. Isto é, se considerarmos todos os possíveis movimentos que um sistema poderia executar e calcularmos a ação para cada um deles, o caso que é realmente observado corresponde ao que apresenta uma ação mínima. Isso não significa que o sistema (o pêndulo) tente realmente todos os movimentos possíveis, mas simplesmente que o movimento observado é o de menor ação.

O princípio da mínima ação foi antecipado no século XVII por Pierre de Fermat, que descobriu que a menor trajetória de um raio de luz através de um meio é o que requer o menor tempo para percorrê-lo. Mas é realmente um princípio muito mais geral. O requisito de que a ação assuma um valor mínimo leva a uma lei de evolução. Escolhidas as condições iniciais, a "única" coisa que resta fazer é resolver as equações.

171

A ciência tem todas as respostas?

A *ação* nesse caso não tem nada a ver com a *ação* em *filmes de ação*. Trata-se meramente da quantificação da ideia de Gottfried Wilhelm Leibniz de que vivemos no "melhor dos mundos possíveis". Você só precisa dizer a Deus qual é a *melhor* maneira de minimizar a ação. Mas o que seria essa grandeza misteriosa, a ação?

No primeiro semestre de física há uma ação para o pêndulo, uma para o lançamento de uma pedra, outra para a órbita dos planetas, só para se ter uma ideia. Nós temos, dessa forma, uma receita para calcular o comportamento de um sistema, mas ainda existem todas essas ações diferentes.

Essas ações, no entanto, são diferentes não pela física ser diferente em cada caso, mas porque os sistemas são distintos. Eles podem ter diferentes arranjos ou, talvez, estejamos descrevendo-os em níveis diferentes de resolução. Lembre-se de que temos todas essas teorias efetivas.

Se você joga uma pedra, por exemplo, geralmente considera que o campo gravitacional é constante na direção vertical. Essa é uma boa aproximação, embora não estritamente correta. Uma aproximação melhor seria a de que o campo gravitacional da Terra é esfericamente simétrico e diminui com o quadrado da distância ao centro da Terra. Uma aproximação ainda melhor seria a que considera a distribuição exata de matéria no nosso planeta e a partir disso calcular o campo gravitacional.

Portanto, ao invés de usar uma ação que supõe o que é o campo gravitacional, poderíamos adicionar um termo à ação, que seja mínimo para esse campo e, com isso, o princípio da mínima ação permite calcular tanto o movimento da pedra, quanto o campo gravitacional. Ao fazer isso, as órbitas dos planetas e o movimento da pedra tornam-se basicamente a mesma coisa, exceto pela escolha das condições iniciais, que especificam onde está localizado o objeto de interesse e qual é a sua velocidade inicial.

A situação é essa, desde que se despreze o atrito do ar, que afeta a pedra mas não os planetas que giram em torno do Sol. No caso da pedra, poderia ser, portanto, importante levar em conta a interação das moléculas da pedra com as do ar e as interações destas entre si. Nessa toada você começaria a descobrir o que já sabemos, ou seja, quando

O universo foi feito para nós?

nos aprofundamos nas escalas atômicas, não podemos mais ignorar a mecânica quântica.

Na mecânica quântica, o princípio da mínima ação funciona de modo um pouco diferente. De acordo com a abordagem de integrais de caminho, iniciada por Richard Feynman, um sistema mecânico-quântico toma não apenas o caminho de mínima ação, mas também todos os outros caminhos possíveis. Cada caminho contribui para o que é chamado de *amplitude* do sistema, e a raiz quadrada absoluta da amplitude fornece a probabilidade de o sistema chegar a um determinado ponto final.

Essas contribuições para a amplitude não têm necessariamente valores positivos, portanto uns podem cancelar os outros. Esse fato leva à estranha conclusão de que se uma partícula pode chegar a um ponto por dois caminhos diferentes, isso pode resultar em que ela nunca chegue lá. Uma coisa legal sobre integrais de caminho,[112] no entanto, é que o método se aplica ao modelo padrão da física de partículas, mas para isso temos que incluir todas as interações que as partículas possam ter pelo caminho, tais como a criação de pares de partículas, que depois voltam a desaparecer.

As integrais de caminho permitem que continuemos a seguir para escalas de distâncias menores e, no final, tudo se reduz às 25 partículas elementares e quatro forças: eletromagnetismo, as forças nucleares forte e fraca, e a gravitação. As três primeiras forças têm propriedades quânticas, mas os físicos ainda não tiveram sucesso em tornar a gravitação em uma teoria quântica também.

* * *

Se eu fosse escolher o mais belo, mais poderoso e mais unificador dos princípios, seria o princípio da mínima ação. Mas espere aí, ainda temos 26 constantes! Não podemos encontrar uma descrição mais simples do universo? Quem sabe alguma com apenas seis constantes, ou quem sabe sem nenhuma?[113]

Os físicos certamente tentaram. Eles levaram adiante muitas abordagens para teorias unificadas nas quais calcularam algumas dessas constantes a partir de outras suposições, ou ao menos tentaram prever duas delas a partir de um princípio comum. Houve várias tentativas, por exemplo, de prever a quantidade de matéria escura junto com a de energia escura ou ainda para encontrar padrões nas massas das partículas elementares. O problema com essas ideias é que, até agora, elas têm sido mais complicadas do que simplesmente apontar as constantes. Falta-lhes capacidade explicativa.

Podemos, na verdade, interpretar também as teorias de multiverso como tentativas de reduzir o número de constantes. Elas seriam um avanço sobre as teorias em vigor, se a distribuição de probabilidades dos diferentes universos nos permitisse calcular as constantes observadas como sendo as mais prováveis e se, além disso, a distribuição de probabilidades fosse mais simples do que a postulação das constantes em si. Se isso fosse possível, poderíamos, no entanto, simplesmente considerar a distribuição de probabilidades como uma equação da qual determinaríamos as constantes. Ainda assim, os outros universos seriam necessários. Em todo caso, ninguém até agora conseguiu encontrar alguma coisa mais simples do que as 26 constantes.

Uma tentativa especialmente controversa para explicar as constantes da natureza é o **princípio antrópico** forte, que assevera que as constantes são como são *porque* o universo deu origem à vida. A maioria dos cientistas descarta essa ideia como despropositada, mas eu acredito que vale a pena pensar sobre ela.

Precisamos, no entanto, em primeiro lugar, distinguir o princípio antrópico forte do fraco. Esse último diz que as constantes da natureza precisam assegurar a existência da vida, do contrário não estaríamos aqui discutindo sobre isso. Princípio antrópico fraco é simplesmente um condicionante observacional nas nossas teorias. Isso parece curioso, pois a observação usada para condicionar as teorias é autorreferente, ou seja, é o simples fato de que afinal estamos aqui para fazer observações. Contudo, fora isso, é uma argumentação científica convencional. Você pode usar, por exemplo, a observação de que ainda está lendo este livro para deduzir que há oxigênio ao seu redor. Esse é um condicionante antrópico fraco, ainda que não seja exatamente um achado revolucionário.

Os condicionantes antrópicos fracos, no entanto, podem ser úteis. Fred Hoyle, por exemplo, foi notável ao usar o fato de que a vida na Terra é baseada em carbono para deduzir que todo o carbono teria que ter vindo de algum lugar. Isso levou-o à conclusão que a fusão nuclear nas estrelas funciona de modo diferente da que os físicos pensavam na época. Ele estava certo.

O princípio antrópico forte, por outro lado, faz a alegação muito mais forte de que a existência de vida hoje é a razão do universo ser como é. A vida não somente condiciona as constantes, mas também as explica. Essa é ao menos a ideia.

Nós já sabemos que o princípio antrópico forte, tomado pelo seu valor de face, está errado. Nós sabemos isso porque físicos encontraram diferentes maneiras pelas quais as constantes da natureza poderiam ser significativamente diferentes e, ainda assim, dar origem a uma química suficientemente complexa para criar vida. Os físicos não podem, obviamente, calcular estruturas ao longo de todo o caminho até chegar à biologia, portanto, estritamente falando, eles não mostraram que a vida é possível para outras constantes da natureza. É plausível, contudo, que uma química tão complexa como a nossa possa resultar em estruturas tão complexas quanto as nossas. Um contraexemplo recente ao princípio antrópico forte é que o processo de fusão nuclear, que Hoyle afirmou ser imprescindível porque precisamos de muito carbono, não é necessário para a vida. Existem diferentes valores para as constantes fundamentais, que possibilitam outros processos de fusão que também produzem carbono. Na evolução da vida, o resultado desses processos é basicamente indistinguível do de Hoyle, porque não importa para as células como o carbono de que elas necessitam foi produzido. Eu coloco nas notas algumas referências para outros exemplos adicionais.[114]

Um problema maior ainda do princípio antrópico forte é a dificuldade de enxergar se ele poderia ter algum poder explicativo. Esse é um problema prático: *vida* é difícil de definir, mais difícil ainda é quantificá-la e, portanto, não dá para calcular nada a partir da afirmação "o universo contém vida". Aquelas 26 constantes e suas equações são dramaticamente mais simples. Dá-lhe física!

Uma nova questão, no entanto, surge aqui. Precisamos saber se existe um critério diferente e mais simples que seja satisfeito pelo nosso universo, que é otimizado para exatamente as mesmas constantes que observamos e não outras quaisquer. Uma função assim quantificaria o quanto o nosso universo é o "melhor dos mundos possíveis" e permitiria que calculássemos as constantes.

Que critério seria esse? Uma ideia, lançada por Lee Smolin na teoria da *seleção natural cosmológica*,[115] é que o nosso universo é realmente muito bom na produção de buracos negros. De acordo com Smolin, buracos negros criam universos dentro deles e novos universos recebem aleatoriamente novas constantes da natureza. Se os universos podem reproduzir e dar origem a novas combinações de constantes, então, no fim das contas, os universos mais prováveis são aqueles que produzem a maior prole, isto é, que criam mais buracos negros.

As suposições de que (a) buracos negros dão à luz a novos universos e que (b) as constantes da natureza podem mudar nesse processo são altamente especulativas e não têm apoio nem das teorias vigentes, nem das evidências reais. Não precisamos, aliás, dessas suposições. Podemos, ao invés disso, pensar apenas no número de buracos negros como uma função que quantifica o quanto um universo é bom. O nosso universo com 26 constantes é "o melhor" para produzir buracos negros?

Vamos dar uma olhada rápida em como isso funciona. A maioria dos buracos negros é formada por colapsos estelares, mas para formar um buraco negro uma estrela precisa ser suficientemente massiva. Nosso Sol, por exemplo, não poderá formar um buraco negro porque é pequeno demais (provavelmente virará uma gigante vermelha). Isso significa que o número de buracos negros depende da eficiência da formação de estrelas massivas a partir das nuvens de hidrogênio que o plasma quente do universo primordial deixou para trás.

O universo foi feito para nós?

O simples fato de alterar a força de gravitação não muda o número de buracos negros. Essa mudança altera a massa das estrelas, mas não a fração delas que colapsam em buracos negros. E que tal a constante cosmológica? O que acontece com o número de buracos negros se ela se modificasse?

Vimos anteriormente que, com o aumento da constante cosmológica, o universo se expandiria mais rapidamente, o que torna a formação de galáxias mais difícil. A maioria das formações estelares ocorre nas galáxias, portanto, se a constante cosmológica fosse maior, teríamos menos estrelas e, assim, menos buracos negros. Por outro lado, se a constante cosmológica fosse menor, o universo se expandiria mais lentamente, tornando a fusão de galáxias mais provável. O gás que forma as estrelas é então distribuído nas galáxias maiores produzidas por essas fusões, tornando assim a formação estelar menos eficiente e, novamente, teríamos menos estrelas e, portanto, menos buracos negros. A nossa constante cosmológica parece ser "a melhor" para produzir buracos negros.

Smolin desenvolveu argumentos semelhantes para várias outras constantes da natureza, mostrando que, se modificarmos os seus valores, o número de buracos negros diminuiria. Eu devo admitir que, para uma ideia tão simples, ela funciona surpreendentemente bem. Esse procedimento, contudo, também mostra os limites dessa abordagem. Nós não sabemos como apontar o "número de buracos negros no universo" de uma maneira simples, portanto não podemos calcular as constantes da natureza a partir dele. Podemos ver apenas o que acontece quando mudamos uma dessas constantes de cada vez. No final das contas, é melhor simplesmente postular novamente as constantes da natureza.

Uma ideia relacionada recorrente é a de utilizar o aumento da complexidade como a propriedade para o nosso universo ser "o melhor". Porém, tal qual ocorre com a "vida", "complexidade" é um critério vago e ninguém ainda sabe como quantificá-la. A melhor ideia que ouvi falar até agora é a de David Deutsch, que conjecturou que as leis da natureza são do jeito que são para dar origem a certos tipos de computadores. É uma boa ideia, porque pode ser formalizada com precisão, e estou curiosa para ver o que virá dela.

Essas ideias todas têm em comum a característica de que, para encontrar descrições melhores da natureza, não seguem os caminhos trilhados pelo reducionismo: em direção a escalas de tamanho sempre menores. Em vez disso elas desacoplam o reducionismo ontológico da teoria do reducionismo, postulando que uma teoria melhor poderia ser encontrada em escalas maiores. Eu acho que essa mudança de direção é promissora, é a única abordagem que eu conheço que poderia permitir superar o problema das condições iniciais, como mencionei no capítulo "Como começou o universo?".

ALGUM DIA SABEREMOS TUDO?

Os físicos têm certamente um talento para criar nomenclaturas criativas: *muitos-mundos, buracos negros, matéria escura, buracos de minhoca, grande unificação* e o *Big Bang. Teoria de tudo* é outro desses termos imaginativos. A conjectura é que essa teoria explicaria finalmente tudo – as partículas elementares, as forças entre elas e as constantes da natureza – sem deixar nenhuma questão em aberto. Ela seria uma única e melhor fórmula fundamental, combinando o modelo padrão da física de partículas com a relatividade geral de Einstein em um todo harmonioso.

No entanto, tal teoria de tudo, caso exista, *não* explicaria tudo. Isso porque, como discutido no capítulo "Somos apenas sacolas cheias de átomos?", na maioria das áreas da ciência, as teorias emergentes (efetivas) revelam-se como explicações melhores. Portanto, caso encontremos algum dia a teoria de tudo, poderíamos fechar o departamento de física de partículas, mas continuaríamos a fazer ciência dos materiais e biomedicina.

Poderia valer a pena o esforço para fechar o departamento de física de partículas, mas será que existe uma teoria que não deixa nenhuma questão sem resposta?

Uma maneira de conseguir uma teoria que responda a todas as nossas perguntas é, convenhamos, parar de fazer perguntas. Isso é só parcialmente uma piada. Se tivéssemos parado de fazer ciência há dois séculos e simplesmente pular para hoje em dia, físicos de partículas não estariam se perguntando por que a massa do bóson de Higgs é o que ela é. Eu não quero dizer que essa teria sido uma boa decisão, quero somente ilustrar que uma teoria que explique "tudo" depende do quanto conhecemos, e *queremos* saber, sobre a natureza. Se tivéssemos uma teoria que explicasse tudo hoje, nunca estaríamos certos de que ainda explicará tudo amanhã.

Mesmo se deixarmos de lado a possibilidade de que descobertas futuras possam forçar à revisão de qualquer suposta teoria de tudo, a ideia de que uma teoria responda a todas as questões é em si incompatível com a ciência. A ciência requer que formulemos hipóteses diferentes sobre como a natureza funciona. Nós nos fiamos naquelas que estão de acordo com as observações e jogamos fora as outras. Existem, no entanto, muitas teorias cujo "único" problema é que elas não descrevem nada do que observamos.

Considere a teoria de que o universo é uma esfera bidimensional vazia e perfeita. Você poderia dizer que não é lá uma grande teoria e eu concordo. Mas qual é o problema dela? O problema não é que haja algo de errado nela ou a partir dela, afinal não há mesmo muita coisa que poderia estar errada. A questão é que ela simplesmente não descreve nada do que observamos. Ela não tem nada a ver com o universo que realmente habitamos.

Existem inúmeras teorias consistentes como essa que não descrevem nada do que observamos, mas apenas uma é suficiente para perceber o problema: nós precisamos do requisito de que teorias expliquem observações, para podermos selecionar uma delas em relação às demais. Isso significa que até mesmo para a melhor teoria, aquela com o maior poder explicativo, responderá algumas perguntas simplesmente com um "porque explica o que observamos". Não conseguiríamos, sem isso, nos livrar de todas as outras teorias belas, simples e consistentes, mas empiricamente inadequadas.

Uma maneira diferente de dizer isso é que não podemos iniciar uma teoria específica para o nosso universo específico a partir de uma matemática não específica. Existe um monte de matemática que simplesmente não descreve o que vemos. Nós somente selecionamos uma parte dessa matemática que funciona.[116] Portanto, mesmo se tivéssemos uma teoria de tudo, a ciência sozinha não explicaria nunca por que essa teoria em particular é a tal.

A RESPOSTA RÁPIDA

Não temos nenhuma razão para achar que o universo foi feito para nós ou mesmo para a vida em geral. É possível, por outro lado, que as teorias vigentes não levem em conta alguma coisa essencial sobre como as leis da natureza dão origem à complexidade no nosso universo. Talvez o próprio fato dessa complexidade aumentar poderá um dia levar a explicações melhores, confrontando o reducionismo. Mesmo assim, nenhuma teoria será um dia capaz de responder a todas as perguntas. Essa incapacidade é devida ao fato de que para uma teoria ser científica ela precisa ser selecionada pelo seu sucesso em explicar observações, e então voltamos necessariamente a questões cujas respostas são do tipo "porque ela explica o que observamos".

O UNIVERSO PENSA?

TAMANHO É DOCUMENTO

As observações mais recentes do Telescópio Espacial Hubble sugerem que o nosso universo contém pelo menos 200 bilhões de galáxias.[117] Essas galáxias não estão uniformemente distribuídas, pois, sob a ação da gravidade, elas se juntam em aglomerados e esses formam superaglomerados. Entre esses aglomerados de diferentes tamanhos, as galáxias se alinham em filamentos finos, os *filamentos galácticos*, que podem chegar a 100 milhões de anos-luz de comprimento. Os aglomerados e filamentos galácticos são circundados por vazios que contêm pouquíssima matéria. Essa rede cósmica se parece, como um todo, ao cérebro humano (Figura 13).

Figura 13
Esquema de neurônios (à esquerda) e filamentos cósmicos (à direita).

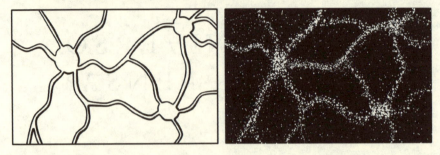

A distribuição da matéria no universo, para ser mais preciso, assemelha-se um pouco ao *conectoma*, a rede de conexões nervosas no cérebro humano. Os neurônios no cérebro humano também formam aglomerados, que são conectados por axônios, as longas fibras nervosas que enviam impulsos eletroquímicos de um neurônio a outro.

A semelhança entre um cérebro humano e o universo[118] não é inteiramente frívola, pois foi analisada rigorosamente em um estudo de 2020 conduzido pelos pesquisadores italianos Franco Vazza (um astrofísico) e Alberto Feletti (um neurocientista). Eles calcularam quantas estruturas de diferentes tamanhos existem no conectoma e na rede cósmica e relatam "uma notável similaridade". Amostras de cérebros com dimensões menores que um milímetro e a distribuição da matéria no universo até cerca de 300 milhões de anos luz apresentam estruturas similares, segundo o estudo. A dupla de pesquisadores também aponta que, "surpreendentemente", três quartos do cérebro é composto de água, que é comparável ao montante de três quartos do universo composto de matéria e energia escuras. Os autores notam que nos dois casos esses três quartos são essencialmente inertes.

Poderia, então, o universo ser um cérebro gigante no qual nossa galáxia seria simplesmente um neurônio? Estaríamos, quem sabe, testemunhando autorreflexão do universo, enquanto perseguimos nossos próprios pensamentos. Infelizmente, essa ideia se choca frontalmente com a física. Vale a pena, no entanto, dar uma olhada nessa ideia, pois entender que o universo não pode pensar ensina uma lição interessante sobre as leis da natureza. A discussão nos ensina também sobre o que seria necessário para que o universo pudesse pensar.

Resumidamente, o universo não pode pensar porque ele é grande demais. Lembre-se que Einstein nos ensinou que não há repouso absoluto, portanto falamos da velocidade de um objeto em relação a outro. Esse não é o caso para tamanhos, não são apenas os tamanhos relativos que importam. Os tamanhos absolutos determinam o que um objeto pode fazer.

Consideremos, por exemplo, um átomo e um sistema solar. À primeira vista, ambos parecem ter muito em comum. Em um átomo os elétrons com carga negativa são atraídos pelo núcleo positivamente carregado pela força elétrica. A intensidade dessa força diminui, aproximadamente, com lei bastante familiar de $1/R^2$, onde R é a distância entre o elétron e o núcleo. Em um sistema solar, o planeta é atraído pelo seu sol pela força gravitacional. Estritamente falando, isso seria descrito pela relatividade geral, mas a gravidade de um sol pode muito bem ser descrita pela lei de Newton, que vai com $1/R^2$, onde R, agora, é a distância entre o planeta e o sol. Átomos e sistemas solares são, nesse aspecto, realmente bem similares. Essa é, de fato, a maneira que muitos físicos pensavam sobre os átomos no começo do século XX. É assim que, basicamente, funciona o modelo de Rutherford-Bohr de 1913.

Hoje em dia sabemos, no entanto, que os átomos não são como sistemas solares (Figura 14). Os elétrons não são pequenas bolas que orbitam ao redor do núcleo, eles têm propriedades quânticas pronunciadas e precisam ser descritos por funções de onda. A posição de um elétron é altamente incerta em um átomo e sua distribuição de probabilidade é uma nuvem difusa, que assume formas simétricas chamadas de *orbitais*. A energia do elétron nos orbitais é dada em degraus discretos, ela é *quantizada*. Essa quantização é a origem das regularidades que encontramos na tabela periódica.

Figura 14
Os níveis de energia atômicos não são como os sistemas solares. Esquerda:
a probabilidade de encontrar um elétron na terceira camada em torno do núcleo.
As camadas são tridimensionais e são esféricas nos casos mais simples. Quanto mais
intenso o sombreado, maior a probabilidade. O núcleo atômico está bem no centro,
mas não está representado na figura. Direita: esquema de órbitas planetárias.
Órbitas são planares e os planetas se localizam nelas.

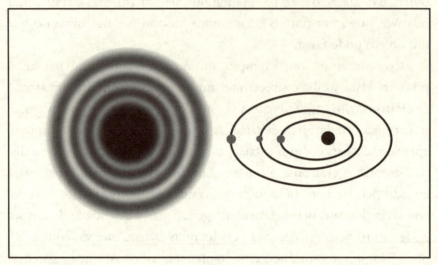

Isso não ocorre em sistemas solares. Planetas em sistemas solares podem estar a qualquer distância do sol. Eles não são distribuições de probabilidade suaves, suas órbitas não são quantizadas e não há tabela periódica de sistemas solares. De onde vem essa diferença?

A principal razão da diferença entre sistemas solares e átomos é que estes são menores e seus constituintes mais leves. Devido à mecânica quântica, tudo – uma partícula pequena, bem como um objeto grande – tem uma incerteza intrínseca, uma indefinição na posição. Uma indefinição quântica típica de um elétron (seu *comprimento de onda de Compton*) é de cerca de 2×10^{-12} metros. Essa distância é aproximadamente o tamanho de um átomo de hidrogênio, que é cerca de 5×10^{-11} metros. Que esses tamanhos sejam comparáveis é o motivo pelo qual a mecânica quântica tem um papel importante nos átomos. Por outro lado, se calcularmos essa incerteza quântica para o planeta Terra, teremos o valor de 10^{-66} metros, que é completamente

O universo pensa?

desprezível comparado com a distância do nosso planeta ao Sol, que é de aproximadamente 150 milhões de quilômetros. Essas propriedades físicas, tamanho e massa, fazem uma grande diferença. Não teremos um sistema solar ao aumentar simplesmente a escala de tamanho de um átomo. Não é assim que a natureza funciona e, para usar um termo técnico, isso significa que as leis não apresentam *invariância de escala*.

Por que as leis da natureza não são invariantes de escala? A razão está naquelas 26 constantes. Elas determinam quais processos físicos são importantes em cada escala e cada escala é diferente.

Nós percebemos como essa dependência de escala na física aparece na biologia. As forças de atrito (criadas por interações de contato) são muito mais importantes para pequenos animais, como os insetos, do que para os grandes, como nós. É por isso que formigas sobem pelas paredes e os pássaros voam, enquanto nós não fazemos uma coisa nem outra. Nós somos simplesmente pesados demais. Uma formiga com o tamanho e o peso humanos seria um desastre evolutivo, além de não poder subir nas paredes. Não é o formato que permite a animais pequenos realizar esses feitos, mas o fato de que não precisam brigar tanto com a gravidade.

Podemos agora ver, então, qual semelhança há de fato entre o universo e o cérebro, lembrando que as tais constantes da natureza fazem toda a diferença.

O universo se expande e sua expansão está acelerando. Essa aceleração é determinada pela constante cosmológica, que é o tipo mais simples de energia escura. Os cérebros, por outro lado, normalmente não se expandem, a não ser metaforicamente, e tampouco se expandem como o universo: o cérebro é mantido unido por forças nucleares e eletromagnéticas, que são muito mais intensas do que a tração que a expansão cosmológica exerce. Até mesmo as galáxias se mantêm unidas pelas forças gravitacionais de suas estrelas e, portanto, galáxias não se expandem como o universo. É apenas para alguma distância maior, entre as aglomerados e filamentos galácticos, que a expansão do universo prevalece e estica a rede galáctica.

185

A ciência tem todas as respostas?

Portanto, se os aglomerados de galáxias fossem os neurônios do universo, eles estariam se afastando uns dos outros com velocidade relativa continuamente crescente, e isso já há bilhões de anos. A energia escura pode ser "inerte", como Vazza e Feletti escreveram no seu artigo, mas exerce um papel importante na estrutura do universo. A fração de energia escura no universo é similar à fração de água no cérebro, mas a água não expande o cérebro (e se expandisse, seria uma péssima notícia para nós).

A outra constante que marca uma grande diferença entre o universo e o cérebro é a velocidade da luz. Os neurônios no cérebro humano enviam cerca de 5 a 50 sinais por segundo. A maioria desses sinais (80%) percorre distâncias curtas, aproximadamente um milímetro, mas os outros 20% são de longa distância, conectando partes diferentes do cérebro. Precisamos de ambos os tipos para pensar. Os sinais no nosso cérebro viajam a uma velocidade de 100 metros por segundo, ou seja, um milhão de vezes menor do que a velocidade da luz. Devo avisar, antes que você pense que isso é muito lento, que os sinais de dor são ainda mais lentos, cerca de um metro por segundo. Eu bati o dedão do pé recentemente na porta, enquanto coincidentemente olhava o pé. Consegui pensar que "vai doer", antes do sinal da dor chegar de fato.

Talvez o nosso universo seja mais esperto do que Einstein e descobriu um jeito de enviar um sinal mais rápido do que a luz. Deixemos, no entanto, essas especulações de lado por ora e vamos nos manter com a física estabelecida. O universo agora tem uns 90 bilhões de anos-luz de diâmetro. Esse tamanho significa que se um lado do universo-cérebro hipotético quisesse tomar conhecimento do outro lado, esse "pensamento" demoraria 90 bilhões de anos para chegar. O envio de um único sinal ao aglomerado-neurônio de galáxias mais próximo (o grupo M81) demoraria aproximadamente 11 milhões de anos, mesmo à velocidade da luz. O universo teria conseguido, no máximo, enviar cerca de 1.000 sinais, entre seus neurônios mais próximos, durante seu tempo de vida até agora. Esse número é o que nosso cérebro alcança em três minutos, deixando ainda totalmente de lado as conexões mais

O universo pensa?

distantes. Precisamos lembrar que a capacidade de conexão do universo consigo mesmo diminui com a expansão, portanto, é ladeira abaixo a partir de agora.

A conclusão é que, se o universo está pensando, ele realmente não pensa muito. O volume de pensamentos, que o universo concebivelmente poderia ter realizado, desde o início de sua existência, é limitado pelo seu enorme tamanho e tamanho é documento. A física simplesmente não ajuda nisso. Se você quiser pensar bastante, ajuda muito manter as coisas pequenas e compactas.

★ ★ ★

Resta ainda a questão de saber se o universo como um todo poderia estar conectado de um modo que ainda não entendemos, uma maneira que drible o limite da velocidade da luz e permita pensamentos substanciais. Essas tais conexões são frequentemente atribuídas ao emaranhamento na mecânica quântica, uma ligação quântica não local, que pode alcançar longas distâncias.

As partículas que estão emaranhadas compartilham propriedades mensuráveis, mas não sabemos qual partícula compartilha o quê até que façamos a medida. Vamos supor uma partícula grande, cuja energia conhecemos, e ela decai em duas partículas menores: uma voa para a esquerda e a outra para a direita. Nós sabemos que a energia tem que ser conservada, mas não sabemos a fração dessa energia em cada uma das partículas produzidas pelo decaimento. Elas estão *emaranhadas* e a informação sobre a energia total é distribuída entre elas. De acordo com a mecânica quântica, qual fração que cada partícula carrega da energia total só será determinada ao fazermos uma medida. Uma vez feita a medida da cota de energia de uma das partículas, a da outra, que pode estar já muito longe, também é determinada imediatamente.

O emaranhamento parece mesmo ser algo que poderia ser usado para enviar sinais mais rápidos do que a luz. No entanto, nenhuma informação pode ser enviada com essa medida, porque o resultado é aleatório. O observador que mede uma das partículas não pode garantir a obtenção de um resultado específico, portanto não tem mecanismos para imprimir informação na outra partícula.

A ideia de que o emaranhamento é uma conexão instantânea a longas distâncias é terreno fértil para mitos científicos. Há dois anos participei de uma mesa redonda com outro autor, que havia publicado recentemente um livro sobre dinossauros.[119] Imagino que devam ter me chamado por acharem que paleontologia seria um setor vizinho da física. O mediador, na sua melhor tentativa para passar de dinossauros à mecânica quântica, perguntou-me se os dinossauros poderiam ter estado emaranhados através do universo com o meteoroide que os destroçou.

Essa passagem mereceria um prêmio de criatividade, mas olhando para a física, a ideia não faz nenhum sentido. Em primeiro lugar, como já discutimos anteriormente, os efeitos quânticos desaparecem rapidamente para objetos grandes como eu e você, dinossauros e meteoroides. Você, aliás, pode desmascarar 99% da pseudociência quântica somente lembrando que efeitos quânticos são incrivelmente frágeis. Você não pode curar doenças com emaranhamentos quânticos, da mesma forma que não pode construir casas com ar, e nem pode usá-los apara explicar o desaparecimento dos dinossauros.

O emaranhamento quântico é frequentemente descrito de uma maneira mais misteriosa do que realmente é. Ele é de fato não local, mas ainda assim é criado localmente. Se eu partir um biscoito ao meio e der a metade para você, as duas partes estão correlacionadas não localmente, porque as bordas se encaixam, mesmo quando separadas espacialmente. O emaranhamento é uma correlação não local como essa, mas quantitativamente mais forte do que a do biscoito.

Eu não quero menosprezar a relevância do emaranhamento. Os computadores quânticos podem fazer alguns cálculos mais rapidamente do que os computadores convencionais exatamente porque correlações quânticas são diferentes de suas congêneres clássicas. No entanto, a vantagem computacional não reside no fato de as correlações quânticas serem não locais, mas sim porque partículas emaranhadas podem fazer várias coisas ao mesmo tempo (com a ressalva de que isso é uma descrição verbal da matemática, que não tem uma boa descrição verbal).

Eu acredito que a principal razão para tantas pessoas imaginarem que é o emaranhamento que torna a mecânica quântica "estranha" é que ele é quase sempre apresentado acompanhado da citação de Einstein dizendo ser "uma assustadora ação à distância". Einstein de fato disse a frase[120] (em alemão é *"spukhafte Fernwirkung"*) referindo-se à mecânica quântica, mas não em relação ao emaranhamento. Ele pensava, na verdade, sobre a redução da função de onda, que é realmente não local, se a pensarmos como um processo físico.

A maioria dos físicos hoje em dia não acredita que a redução da função de onda é algo material, mas não sabemos ao certo do que se trata. É uma lacuna no nosso entendimento da natureza, como Penrose apontou.[121] Essa é uma das razões que levou os físicos nas últimas décadas a brincar com a ideia de não localidade genuína, não apenas como emaranhamento não local, mas sim como conexões não locais no espaço-tempo com as quais a informação possa ser enviada a grandes distâncias instantaneamente, ou seja, mais rápido que a velocidade da luz.

Essa busca não está necessariamente em conflito com as teorias de Einstein. As teorias da relatividade, tanto a restrita quanto a geral, não proíbem movimentos mais rápidos que a luz em si. O problema seria a aceleração de um objeto saindo de uma velocidade menor para uma acima da velocidade da luz, pois isso exigiria uma quantidade infinita de energia. A velocidade da luz é uma barreira e não um limite.

Movimentos ou sinais mais rápidos do que a luz tampouco levam, necessariamente, a paradoxos de causalidade, do tipo em que alguém viaja no tempo para o passado, mata seu avô e, portanto, jamais teria nascido e nem viajado no tempo. Esses paradoxos de causalidade podem ocorrer na relatividade restrita para viagens acima da velocidade da luz, pois um objeto movendo-se assim para um observador pode parecer estar voltando no tempo para um outro observador. Portanto, na relatividade restrita sempre temos as duas coisas juntas: movimento com velocidade maior que a da luz e viagem no tempo ao passado, abrindo a porta para paradoxos causais.

Na relatividade geral, no entanto, problemas de causalidade não podem ocorrer porque o universo se expande, fixando assim um sentido do tempo sempre para frente. Esse sentido para-frente-no-tempo está relacionado com o mesmo sentido-para-o-futuro devido ao aumento da entropia. A relação exata entre esses dois sentidos ainda não é bem compreendida, mas isso não é tão relevante na nossa discussão aqui. A relevância está em que seguramente há um sentido para frente no tempo para o universo. É por essa razão que a não localidade e sinais com velocidade acima da da luz não estão em conflito com os princípios de Einstein, nem são necessariamente não materiais.

Pelo contrário, se existissem sinais com a velocidade acima da da luz talvez pudessem resolver alguns problemas nas teorias vigentes. Como exemplo temos o problema da informação, que parece desaparecer nos buracos negros, criando uma inconsistência com a mecânica quântica (capítulo "Como começou o universo?"). O horizonte de um buraco negro captura a luz e tudo o mais com velocidades menores do que a da luz, mas conexões não locais podem atravessar o horizonte e, com isso, a informação pode escapar e o problema está resolvido. Alguns físicos também sugeriram que a matéria escura é na verdade uma proposta enganosa. É possível que só exista matéria normal,[122] cuja atração gravitacional seja multiplicada e difundida por causa de conexões não locais no espaço-tempo.

Essas são ideias especulativas sem sustentação empírica e não sou entusiasta delas. Eu apenas as menciono para mostrar que conexões não locais se estendendo pelo universo têm sido consideradas seriamente pelos físicos. Elas certamente são improváveis, mas não obviamente erradas.

De onde viriam essas conexões não locais? Uma possibilidade seria que foram deixadas pela gênese geométrica. Como discutimos brevemente no capítulo "Como começou o universo?", gênese geométrica é a ideia de que o universo é fundamentalmente uma rede que apenas se aproxima do suave espaço das teorias de Einstein. No entanto, quando a geometria do espaço-tempo teria sido criada, a partir da rede no universo primordial, defeitos poderiam ter ficado lá.[123] O significado disso seria que, como Fotini Markopoulou e Lee Smolin apontaram em 2007, o espaço atual seria polvilhado com conexões não locais (Figura 15).

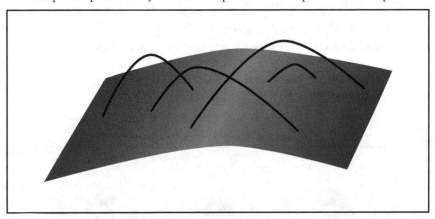

Figura 15
Conexões não locais (linhas pretas) no espaço (superfície cinza) funcionam como buracos de minhoca em miniatura.
O tempo não passa ao viajarmos de um ponto ao outro por essas linhas pretas.

Você pode pensar nessas conexões não locais como pequenos buracos de minhoca, atalhos que conectam dois lugares normalmente distantes. Essas conexões não locais seriam muito pequenas para que nós, até mesmo para partículas elementares, passássemos por elas. As conexões teriam o diâmetro de meros 10^{-35} metros, mas elas conectariam firmemente a geometria do universo consigo mesmo, e haveria muitas delas. Markopoulou e Smolin estimam que o universo conteria 10^{360} dessas conexões. O cérebro humano tem, para efeitos de comparação, apenas 10^{15} conexões. Como essas conexões são, afinal, não locais, não tem importância que elas se expandam com o espaço.

Eu não tenho nenhum motivo para pensar que conexões não locais de fato existam ou, se existissem, que permitiriam ao universo pensar. No entanto, tampouco posso descartar essa possibilidade. Por incrível que possa parecer, a ideia de um universo inteligente é compatível com tudo o que sabemos até agora.

HÁ UM UNIVERSO EM CADA PARTÍCULA?

Vimos, na seção anterior, que as leis da natureza não são livres de escala, ou seja, os processos físicos mudam com o tamanho dos objetos. Mas existe uma forma mais fraca de liberdade de escala com a qual você talvez esteja familiarizado: fractais. Tomemos como exemplo uma curva chamada de floco de neve de Koch. Ela é gerada pela adição de triângulos equiláteros menores aos triângulos equiláteros prévios, como ilustrado na Figura 16a. A forma que vai surgindo com a contínua adição de triângulos é um fractal: a área é finita, mas o comprimento do perímetro é infinito.

Figura 16a
O floco de neve de Koch é criado pela adição de triângulos equiláteros menores aos triângulos equiláteros prévios, indefinidamente.

Figura 16b
Os padrões triangulares no floco de neve de Koch
se repetem exatamente para o grau correto de ampliação.

O floco de neve de Koch não é livre de escala se mudarmos a ampliação continuamente em um de seus cantos. Mas para os graus de ampliação certos, o padrão vai se repetir exatamente (Figura 16b). Ele seguirá se repetindo, se continuarmos a ampliação. Nós dizemos que o floco de neve de Koch tem *uma invariância de escala discreta*. O padrão se repete apenas para certos valores de ampliação e não para todos eles. Se o universo não é livre de escala, poderia ao menos ter uma invariância de escala discreta, de modo que cada partícula abrigue todo um universo? Talvez existisse literalmente um universo dentro de nós. O matemático e empreendedor Stephen Wolfram[124] especulou sobre isso: "[talvez] descendo até a escala de Planck,[125] poderíamos encontrar toda uma civilização manipulando as coisas para que nosso universo seja do jeito que é".

Para isso funcionar, as estruturas não precisariam se repetir de forma exata quando forem ampliadas. Os universos menores poderiam ser feitos de partículas elementares, ou ter constantes da natureza, um pouco diferentes. Mesmo assim, a ideia dificilmente seria compatível com o que já conhecemos sobre a física de partículas e a mecânica quântica.

Para começo de conversa, se as partículas elementares que conhecemos contivessem miniuniversos, que poderiam ter muitas configurações distintas, por que então observamos apenas 25 partículas elementares diferentes? Por que não existem então bilhões delas? Pior ainda é especular simplesmente que as partículas conhecidas são feitas de partículas menores – ou constituídas de galáxias contendo estrelas, que contêm partículas etc. –, pois isso não funciona. A razão para isso é que as massas das partículas constituintes (ou galáxias, ou o que quer que seja) precisariam ser menores do que as das partículas compostas, pois massas são positivas e sempre se somam. Isso significa que essas novas partículas deveriam ter massas ainda menores.

No entanto, quanto menor a massa de uma partícula, mais fácil se torna gerá-las em aceleradores de partículas. Pois para produzir uma partícula, a energia na colisão entre elas precisa atingir o equivalente em energia da massa da partícula ($E=mc^2$!). Partículas de massa pequena costumam ser descobertas primeiro. De fato, se olharmos para a ordem em que as partículas foram descobertas historicamente, veremos que as mais pesadas vieram depois. Portanto, se cada partícula elementar fosse constituída por outras menores, teríamos observado estas muito antes.

Uma maneira de driblar esse problema é dizer que essas novas partículas seriam tão fortemente ligadas entre si que precisaríamos de muita energia para quebrar as ligações, mesmo se as massas em si fossem pequenas. É o que ocorre com a força nuclear forte, que mantém os quarks unidos dentro dos prótons. Os quarks têm massas pequenas, mas ainda assim são difíceis de observar, porque é preciso muita energia para separá-los.

Nós não temos evidências de que as partículas elementares sejam compostas por partículas ainda menores tão fortemente ligadas. Mesmo assim, os físicos certamente pensaram nessa possibilidade. As tais partículas que poderiam constituir os quarks são chamadas de *préons*. No entanto, os modelos que foram propostos para isso[126] entram em conflito com os dados obtidos pelo Grande Colisor de Hádrons e, com isso, a maioria dos físicos desistiu dessa ideia. Alguns modelos mais sofisticados ainda são viáveis, mas, de qualquer modo, com partículas tão fortemente ligadas entre si não é possível criar alguma coisa que se assemelhe ao nosso universo. Para conseguir uma estrutura similar à que observamos, é

O universo pensa?

preciso uma interação entre forças de longo alcance (como a gravitação) e forças de curto alcance (como a força nucelar forte).

Outra maneira para compatibilizar o que observamos com os miniuniversos seria a situação em que as partículas que os compõem interagissem muito fracamente com as partículas que já conhecemos de fato: elas simplesmente passariam através da matéria normal. Nesse caso, produzi-las em colisores de partículas seria também improvável e, portanto, teriam escapado à detecção. Essa, afinal, é a razão pela qual as partículas elementares chamadas *neutrinos*, mesmo com uma massa muito pequena, foram descobertas depois de outras bem mais pesadas. Os neutrinos interagem tão raramente, que a maioria deles atravessa os detectores sem deixar nenhum sinal. Se você quiser, no entanto, construir um miniuniverso com essas partículas fracamente interagentes e de massa tão pequena, surgirá outro problema. Elas precisariam ter sido produzidas em grande quantidade na fase inicial do nosso universo (como, aliás, foi o caso dos neutrinos) e teríamos que ter encontrado evidências disso. Infelizmente, não encontramos.

Não é fácil, como você pode ver, encontrar algum caminho pelo qual as partículas elementares conhecidas seriam constituídas por alguma outra coisa – outras partículas ou galáxias microscópicas – sem entrar em conflito com as observações. É por essa razão que o modelo padrão das partículas elementares tem resistido por tanto tempo.

Existe ainda mais um problema com a ideia de colocar novas partículas dentro das já conhecidas, que é a relação da incerteza de Heisenberg. Na mecânica quântica, quanto menor a massa de uma partícula, maior é a dificuldade de mantê-la confinada em uma região pequena de espaço, como o interior de outra partícula elementar. Não seria possível tentar criar um miniuniverso recheando uma partícula elementar conhecida com um monte de outras partículas novas de massas menores, pois elas simplesmente escapariam por tunelamento quântico.

Você poderia contornar o problema conjecturando que o interior de nossas partículas elementares tem um grande volume. Como na nave TARDIS na série de ficção científica *Doctor Who*, as partículas elementares seriam maiores por dentro do que aparentam por fora. Eu

195

sei que parece loucura, mas seria realmente possível. Pela relatividade geral, podemos curvar o espaço-tempo a ponto de formar bolsas (Figura 17). Essas bolsas podem ter uma área superficial pequena – ou seja, parece pequena vista de fora –, mas com um volume grande no interior. O físico John Wheeler[127] (que cunhou os termos *buraco negro* e *buraco de minhoca*) chama-as de "bolsas de ouro" (essa foi uma de suas frases menos cativantes).

Figura 17
A "bolsa de ouro" de Wheeler, vulgo universos bebês, que parecem pequenos vistos de fora, mas são grandes por dentro.

O problema com essas bolsas é que elas são instáveis – a abertura seria vedada, dando origem a um buraco negro ou um *universo bebê* desconectado. Iremos falar sobre esses universos bebês na próxima entrevista, mas como eles não podem permanecer no nosso espaço, não podem ser partículas elementares. Além disso, se partículas elementares fossem buracos negros, elas evaporariam e desapareceriam muito rapidamente. Isso tudo não só é algo que nunca observamos para as partículas elementares, como também seria um processo que violaria as leis de conservação que sabemos ser válidas. Por outro lado, se você encontrasse um jeito de prevenir a evaporação, essas partículas se fundiriam em buracos negros maiores, o que é incompatível com o comportamento observado das partículas elementares.

Talvez exista alguma forma de superar todos esses problemas, mas eu não conheço nenhuma. Eu concluo, portanto, que a ideia de que existem universos no interior das partículas é incompatível com o que sabemos atualmente sobre as leis da natureza.

OS ELÉTRONS SÃO CONSCIENTES?

É hora de falar de *pampsiquismo*. Essa é a ideia de que toda a matéria, animada ou inanimada, é consciente, sendo que nós somos apenas um pouco mais conscientes do que as cenouras. De acordo com o pampsiquismo, a consciência está em qualquer lugar, mesmo nas menores partículas elementares. Essa ideia tem sido promovida, por exemplo, pelo defensor da medicina alternativa Deepak Chopra, pelo filósofo Philip Goff, e pelo neurocientista Christof Koch.[128] Como se pode ver dessa lista de nomes, temos um saco de gatos. Tentarei fazer o máximo para organizá-lo.

Primeiramente, precisamos lembrar que, em toda a história do universo, nenhum único pensamento foi pensado sem ter passado por um processo físico; portanto, não temos nenhuma razão para pensar que a consciência (ou qualquer outra coisa) seja não física. Não sabemos ainda como definir exatamente a *consciência*, ou quais as funções cerebrais necessárias para ela, mas é uma propriedade que observamos exclusivamente em sistemas físicos. Isso é assim porque, afinal, observamos somente sistemas físicos. Se você imagina que seus próprios pensamentos são uma exceção, tente pensar sem seu cérebro. Boa sorte com isso.

Pampsiquismo tem sido alardeado como uma solução para o dualismo, que trata mente e matéria como entes inteiramente separados. Como já mencionei, o dualismo não está errado, mas se a mente é separada da matéria, ela não tem nenhum efeito sobre a realidade que percebemos, portanto, é claramente uma ideia acientífica. Pampsiquismo busca superar esse problema ao declarar a consciência como fundamental, uma propriedade possuída por qualquer tipo de matéria, ela está em tudo.

No pampsiquismo, cada partícula possui uma *protoconsciência* e tem experiências rudimentares. Sob determinadas circunstâncias, como em nosso cérebro, a protoconsciência se combina para gerar a consciência propriamente dita. Você verá imediatamente por que físicos veem um problema nessa ideia. As propriedades fundamentais da matéria são nossa praia, se houvesse uma maneira de acrescentar ou mudar algo em relação a elas, nós saberíamos.

Eu entendo que os físicos têm a reputação de ter uma mente fechada. Mas a razão de termos essa reputação é que já tentamos coisas bem malucas no passado, que, se não as usamos mais, é porque compreendemos que elas não funcionam. Alguns chamam isso de visão estreita, mas nós chamamos de ciência. Nós seguimos em frente. As partículas elementares podem pensar? Não, não podem, isso conflita com as evidências. E segue adiante o porquê disso.

As partículas no modelo padrão são classificadas de acordo com suas propriedades, que são chamadas coletivamente de *números quânticos*. O elétron, por exemplo, tem uma carga elétrica de -1, e pode ter um valor de *spin* de +1/2 ou de -1/2. Existem alguns outros números quânticos com nomes complicados, como, por exemplo, *hipercarga fraca,* mas como são chamados não é importante. O que é importante mesmo é que existe um punhado de números quânticos e eles identificam de forma única os tipos de partículas elementares.

Se calculamos então quantas novas partículas de certos tipos são produzidas em uma colisão de partículas,[129] o resultado depende de quantas variantes da partícula produzida existem. Depende, particularmente, dos diferentes valores que os números quânticos podem assumir, pois assim é a mecânica quântica e, portanto, tudo o que *pode* acontecer, *irá* acontecer. Se uma partícula existe em muitas variantes, todas elas serão produzidas, independentemente de podermos distingui-las ou não.

Portanto, se você quiser que elétrons tenham quaisquer tipos de experiências, não importa o quão rudimentares elas poderiam ser, então eles precisam ter múltiplos estados internos diferentes. No entanto, se fosse assim, já teríamos visto, porque isso mudaria o número dessas partículas que são criadas nas colisões. Não vimos isso, portanto elétrons não pensam, bem como nenhuma das outras partículas elementares. Isso é simplesmente incompatível com os dados.[130]

O universo pensa?

Existem algumas ideias criativas que você pode tentar para escapar dessa conclusão e eu já sofri com todas elas. Alguns pampsíquicos tentam argumentar que, para ter experiências, não são necessários estados internos diferentes; a protoconsciência seria apenas uma coisa indefinida. Mas, nesse caso, afirmar que as partículas têm "experiências" não faz o menor sentido. Eu posso afirmar da mesma forma que ovos têm carma, somente não vemos esse carma que, por sua vez, não tem nenhuma propriedade.

Em seguida, você poderia tentar o argumento de que talvez não possamos ver os diferentes estados internos nas partículas elementares e eles seriam relevantes apenas em grandes coleções de partículas. Essa proposta tampouco resolve o problema, pois seria necessário explicar como essa combinação acontece. Como é que você combinaria protoconsciências indefinidas com alguma coisa que de repente apresenta características definidas? Os filósofos chamam a isso de o *problema da combinação* do pampsiquismo e, realmente, este é um problema mesmo. De fato, a protoconsciência ser indefinida fisicamente é exatamente o mesmo problema que surge ao tentar entender como as partículas elementares se combinam para criar sistemas conscientes.

Finalmente (e é nesse ponto em que minhas discussões sobre o assunto geralmente terminam), não se pode postular simplesmente que a protoconsciência não tem *nenhuma* propriedade mensurável e a única consequência observável é a de que pode se combinar para gerar o que normalmente chamamos de consciência. Isso é adequado, no sentido que não entra em conflito com as evidências. Mas, nesse caso, seria necessária uma versão muito estranha de dualismo na qual coisas conscientes não observáveis estão espalhadas por todos os lugares. Trata-se de uma ideia que por construção é ao mesmo tempo inútil e desnecessária para explicar o que observamos, portanto, é acientífica também.

Em resumo, se você quiser que a consciência seja uma "coisa" física, então precisará explicar como sua física funciona. Não se pode ter tudo ao mesmo tempo.

★ ★ ★

A ciência tem todas as respostas?

Agora que eu contei porque o pampsiquismo está errado, deixe-me explicar porque está correto.

A explicação mais aceitável para a consciência, parece-me, é que ela está relacionada com a maneira que alguns sistemas – como os cérebros – processam informação. Não sabemos exatamente como definir esse processo, mas isso significa muito provavelmente que a consciência não é binária. Ela não é um liga-desliga, ou sim-não, mas algo gradual. Alguns sistemas são mais conscientes, outros menos, pois alguns processam mais informação, outros menos.

Nós não pensamos em geral sobre a consciência dessa maneira, porque para uso cotidiano a classificação binária é suficiente. É como se, para a maioria dos propósitos, fosse suficiente separar os materiais em condutores e isolantes, embora, estritamente falando, nenhum material é perfeitamente isolante.

Um sistema para ser consciente precisa, no entanto, ter um tamanho mínimo, pois é necessário ter alguma coisa onde a informação é processada. No entanto, um objeto que é indivisível e sem estrutura interna – como um elétron – não pode fazer isso. Eu não sei onde está exatamente o limite para essa alguma coisa e nem sei se alguém sabe. Mas tem que haver um limite em algum lugar, pois as propriedades das partículas elementares já foram medidas com grande precisão e elas não pensam, como já discutimos.

Essa noção de pampsiquismo é diferente da anterior porque ela não requer a alteração dos fundamentos da física. A consciência, em vez disso, é fracamente emergente dos constituintes conhecidos da matéria e o desafio é identificar exatamente sob que circunstâncias ela surge. Esse é o real "problema da combinação".

Existem várias abordagens para esse tal pampsiquismo físico-compatível, embora muitos defensores não estejam igualmente satisfeitos com a adoção desse nome. Christof Koch, já mencionado, está entre aqueles que adotaram o rótulo *panfísico*. Ele é um dos pesquisadores que apoiam a teoria da informação integrada, IIT na sigla em inglês, que é atualmente a abordagem matemática mais popular para a consciência. A iniciativa foi proposta pelo neurologista Giulio Tononi em 2004.[131]

200

A cada sistema, na abordagem ITT, é atribuído um número, Φ (phi maiúsculo em grego), que é a *informação integrada* e supostamente uma medida da consciência. Quanto melhor é o sistema para distribuir a informação processada, maior é o seu valor de phi. Um sistema fragmentado em muitas partes, que calculam isoladamente, pode processar muita informação, mas esta não é integrada, portanto o phi é baixo.

Uma câmera digital, por exemplo, possui milhões de receptores de luz e processa uma grande quantidade de informação. No entanto, as partes desse sistema não trabalham muito em conjunto, assim o phi é baixo. O cérebro humano, por outro lado, é muito bem conectado e impulsos nervosos viajam constantemente de um lado para o outro, portanto seu phi é alto. Essa é ao menos a ideia, mas a ITT tem seus problemas.

Um dos problemas com a ITT é que o cálculo de phi é absurdamente demorado. Esse cálculo requer que o sistema avaliado seja inicialmente dividido em todas as maneiras possíveis e, a partir disso, as conexões dessas partes são computadas. Essa operação demanda um enorme poder computacional e estimativas mostram[132] que, mesmo para o cérebro de uma minhoca com apenas 300 sinapses, calcular seu phi, com um computador de última geração, levaria vários bilhões de anos. Por essa razão, as medidas de phi, que foram de fato realizadas para o cérebro humano, recorreram a definições incrivelmente simplificadas para a informação integrada. Um exemplo dessas simplificações é limitar o cálculo apenas para conexões entre partes maiores, em vez de para todas as partes possíveis.

Essas definições simplificadas estão, pelo menos, correlacionadas com a consciência? Muitos estudos afirmaram que sim, enquanto outros declaram que não. A revista *New Scientist*[133] entrevistou Daniel Bor da Universidade de Cambridge e reportou que "o phi deveria diminuir quando você vai dormir ou está sedado com um analgésico, por exemplo, mas o trabalho no laboratório de Bor mostrou que não. 'Ele permanece o mesmo ou até mesmo aumenta', diz ele".

Outro problema para a ITT,[134] ao qual o cientista da computação Scott Aaronson chamou a atenção, é que é possível pensar em sistemas bastante triviais, que resolvem alguns problemas matemáticos, mas distribuem a informação durante os cálculos de maneira a tornar seu phi bem alto. Isso demonstra que o phi, em geral, não nos diz nada sobre a consciência.

Existem ainda algumas outras propostas de medidas para a consciência,[135] como por exemplo: a quantidade de correlações entre as atividades de diferentes partes do cérebro, ou a habilidade do cérebro para gerar modelos de si mesmo e do mundo exterior. Eu, pessoalmente, sou muito cética em relação a uma medida em que um único número irá, em algum momento, representar de forma adequada algo tão complexo como a consciência humana. No entanto, meu ceticismo não é tão relevante aqui. A relevância está em que podemos avaliar cientificamente se essas medidas da consciência funcionam bem.

Eu ainda preciso adicionar algumas palavras sobre o quarto de Mary, porque as pessoas ainda o mencionam na tentativa de provar que a percepção não é um fenômeno físico. O quarto de Mary é um experimento de pensamento formulado pelo filósofo Frank Jackson[136] em 1982. Ele imagina, nesse experimento, que Mary é uma cientista que cresce em um quarto em preto e branco, onde estuda a percepção das cores. Ela conhece tudo que possa haver sobre o fenômeno físico da percepção de cores e sobre as reações cerebrais a elas. Jackson então se pergunta: "O que acontecerá quando Mary for liberada de seu quarto em preto e branco ou ganhar um monitor de televisão colorida? Ela aprenderá alguma coisa ou não?".

Jackson prossegue argumentando que Mary aprende alguma coisa nova sobre sua percepção de cores e, portanto, a sensação de cor não é a mesma que o estado do cérebro para a percepção. A mente, em vez disso, apresenta um aspecto não físico – a *qualia*.

A falha nesse argumento é que ele confunde conhecimento sobre a percepção das cores com a real percepção delas. Você entender o que o cérebro faz em resposta a determinados estímulos (percepção de cores ou outro qualquer) não significa que seu cérebro vai ter essa resposta. Jackson mesmo acabou abandonando esse seu argumento.[137]

A verdade é que cientistas, hoje em dia, podem medir o que acontece nos cérebros humanos, quando estamos conscientes ou inconscientes, criam experiências ao estimular diretamente o cérebro, conseguem, literalmente, ler pensamentos e deram os primeiros passos rumo a interfaces entre cérebros. Com tudo isso, não há, até agora, nenhuma evidência de que existe algo na percepção humana que não seja físico.

Eu não me surpreendo com isso. A ideia de que a consciência não pode ser estudada cientificamente, por ser uma experiência subjetiva, nunca fez sentido, pois qualquer cientista sempre trabalhou com sua a própria experiência subjetiva. Os cientistas talvez já tenham pensado que isso é na verdade objetivo, mas no final das contas, tudo estava dentro de suas cabeças. Essa situação permanecerá assim, a não ser que algum dia resolvamos esse solipsismo pela conexão de fato entre cérebros.

Uma orientação de filósofos da ciência certamente ainda é necessária para a pesquisa sobre a consciência. Uma orientação para esclarecer quais seriam as propriedades que precisariam ser satisfeitas para uma definição adequada da *consciência*, quais questões que a pesquisa poderia responder e o que seria considerado uma resposta. No entanto, a consciência deixou o âmbito da filosofia. Agora é ciência.

A RESPOSTA RÁPIDA

O universo não consegue pensar, de acordo com as leis da natureza vigentes no momento. No entanto, físicos vêm considerando que o universo tem muitas conexões não locais porque elas poderiam solucionar vários problemas nas teorias vigentes. Essa é uma hipótese especulativa, mas se estiver correta, o universo talvez tenha os canais de comunicação rápida em número suficiente para que seja consciente. Por outro lado, a ideia de que existam universos dentro das partículas e estas são conscientes ou está em conflito com as evidências ou é acientífica. A consciência não é, muito provavelmente, uma variável binária, tornando algumas versões do pampsiquismo compatíveis com a física.

OUTROS OLHARES 4

PODEMOS CRIAR
UM UNIVERSO?

Uma entrevista com *Zeeya Merali*

Caso você seja um leitor ou leitora frequente de artigos de divulgação científica sobre física, já deve ter se deparado com os escritos de Zeeya Merali. Ela escreve para a *Scientific American, New Scientist, Discover e Nature*, entre outras publicações. Ela também já trabalhou com a BBC e NOVA* em suas coberturas de ciência. Zeeya tem um talento para cobrir até mesmo as ideias mais especulativas sem cair em sensacionalismo barato. Ela é uma de minhas escritoras favoritas.

Zeeya e eu obtivemos o doutorado aproximadamente na mesma época, ela em 2004 e eu em 2003, mas enquanto eu nunca consegui completar integralmente a passagem da pesquisa para escrita, ficando no meio do caminho, Zeeya foi muito bem-sucedida na mudança para o jornalismo científico, após receber seu título de doutorado. Ela também é responsável por boa parte da divulgação pública para o *Foundational Questions Institute*, do qual sou membro, portanto nos encontramos algumas vezes nos últimos anos. Zeeya publicou seu primeiro livro em 2017,[138] intitulado *Big Bang in a Little Room: The Quest to Create New Universes*, sobre a busca de físicos para descobrir como criar um universo e, talvez um dia, realmente criá-lo.

Lembre-se de que, de acordo com a teoria atual mais popular sobre a origem do universo – a inflação cósmica –, tudo o que vemos à nossa volta veio de flutuações quânticas de um hipotético campo inflaton que permeia o universo. Nós poderíamos, no caso desse campo existir, produzir

---

* N.T.: NOVA é um portal sobre ciência na internet.

condições para um evento de criação similar em laboratório, dando origem a um universo bebê. O universo incipiente cresceria rapidamente, separando-se do nosso, como uma gota de água que pinga da torneira. Esse universo recém-nascido se assemelharia, visto do lado de fora, a um pequeno buraco negro. Desapareceria em uma fração de segundo e nunca descobriríamos se tinha habitantes ou o que teria acontecido com eles.

A criação de tal universo bebê demandaria a focalização de uma enorme quantidade de energia em uma região diminuta de espaço. Isso não é possível para um futuro próximo, mas quem sabe um dia torne-se viável. Além disso, lembre-se de que os físicos ainda não entendem o comportamento quântico do espaço e do tempo. Se o espaço e tempo também sofrem de flutuações quânticas, universos bebês poderiam ser criados espontaneamente, sem a necessidade de focalizar grandes quantidades de energia. Novamente, isso seria assim porque em uma teoria quântica de tudo, o que pode acontecer, acontecerá em algum momento. Se o espaço-tempo *pode* dar origem a universos bebês – e, matematicamente, nada parece contrariar a ideia –, então, em algum momento e lugar, *dará* origem a um.

* * *

Eu deveria ter ido visitar a Zeeya em Londres, mas no começo de 2020 a pandemia de covid pôs um fim nos meus planos de viagem. Na época em que escrevia o livro, maio de 2021, o Reino Unido ainda permitia visitantes vindos da Alemanha, mas exigindo uma quarentena de dez dias e duas rodadas de testes PCR. Com isso, o que seria uma viagem de apenas um dia, viraria algo não só complicado, mas proibitivamente caro. Eu espero que quando você estiver lendo esse livro, máscaras, autoisolamento e fronteiras fechadas tenham começado a desaparecer gradualmente da memória coletiva. Mas justo aqui e agora, com o meu prazo se esgotando, perguntei se a entrevista poderia ser por Skype.

Depois da verificação obrigatória do som e câmeras, começo perguntando também se "você é religiosa?".

A ciência tem todas as respostas?

"Bem", responde Zeeya, "acabei de sair de um mês de jejum pelo Ramadã, então tire sua própria conclusão." E assim prossigo perguntando se ela acha que algum dia cientistas realmente criarão um universo em laboratório.

"Por que diabos eu saberia isso?", diz Zeeya rindo. "Eu sou apenas uma pessoa que escreve sobre isso. Quando comecei, eu pensava que era uma ideia esquisita e interessante. Eu adorei a possibilidade de colocar a questão e que é possível pensar sobre ela. E não era apenas uma ideia maluca, pois existe uma longa história sobre isso. Alan Guth escreveu sobre isso, bem como Andrei Linde. A ideia surgiu deles como uma tentativa de entender algo sério sobre como o nosso universo começou. Existe um fundamento científico para isso. Eles e outros mostraram que para criar um universo precisaria de uma quantidade finita de energia em vez infinita, tornando-se assim um problema de engenharia, um problema bem sofisticado e futurista, mas algo que em princípio poderia ser realizado. Isso era surpreendente e excitante para mim. Mas possível na prática? Duvido."

De acordo com as estimativas mais otimistas, criar um novo universo necessitaria de cerca de 10 quilogramas de energia pura ($E=mc^2$, novamente!). Essa é a energia que você precisa para fazer o universo crescer. Uma vez crescendo, o universo cria mais energia por si só, porque um espaço-tempo em expansão viola a conservação de energia.[139]

É bem verdade que 10 quilogramas não parecem lá muita coisa, até lembrarmos que no maior colisor de partículas do mundo simplesmente colidem, pois, partículas. Eles trabalham com equivalentes de massa que são 24 ordens de grandeza abaixo do que seria exigido para fazer um universo, e as temperaturas alcançadas são cerca de 10 ordens de magnitude menores. Se tivermos a teoria certa de como o nosso universo começou, não haveria nada, em princípio, sobre esse evento que não poderíamos reproduzir. Mas na prática ninguém faria isso tão cedo.

Zeeya me diz que "quando eu falo com as pessoas que estiveram realmente envolvidas nas pesquisas sobre como criar um universo, as que pensaram durante décadas sobre isso, sinto que acreditam do

206

fundo do coração que isso realmente vai acontecer um dia, e é bem possível que estejam certas. Alguns desses cientistas têm uma imagem bem romântica disso. Para mim, no entanto, parecia mais interessante que isso *poderia* ser feito."

Zeeya diz que quando começou a trabalhar no seu livro, ela abordou o tópico por um lado científico, perguntando o que seria necessário para fazer um universo de fato. Os editores, no entanto, acharam que essa não era a parte mais interessante da história.

"Eles me perguntavam: 'você está interessada no lado ético, no lado religioso, no lado moral?'. Foi uma experiência estranha", lembra Zeeya. "Foi estranho porque não se escreve sobre isso em um artigo para uma revista científica, escreve-se sobre ciência, sobre o exercício intelectual. Mas os editores do livro disseram que 'para nós essa seria realmente a essência do livro', e então eu pensei, 'espere um pouco. Eles estão me dando a permissão para escrever sobre algo que me interessa genuinamente, mas que eu já havia desaprendido.' Como cientista e jornalista de ciência não quero parecer estranha. Esses temas são tabus e não é permitido meter-se com eles. Então eu pensei, 'bem, deixe-me perguntar a esses cientistas'".

Zeeya descobriu que os cientistas eram mais propensos a falar sobre os aspectos não científicos de seus trabalhos do que ela imaginava.

"Eu realmente esperava que os cientistas iriam se sentir constrangidos e não falariam muito sobre isso", relata Zeeya. "No entanto, arranjei alguns teólogos para falar sobre a parte 'estranha'. Mas quando me sentei junto aos cientistas, eu me surpreendi com o quanto eles haviam pensado sobre essas questões: se podemos criar um universo, será que nosso universo também teve um criador? E quem poderia afirmar isso? Qual é a responsabilidade moral em relação aos seres que poderiam se desenvolver em nosso universo bebê? Além dessas, outras questões tangenciais surgiram inadvertidamente ao pesquisar sobre cosmologia e fundamentos da mecânica quântica, ou até mesmo a gravitação quântica: o universo requer uma consciência? Estamos envoltos por um 'campo de consciência' maior, que nos engloba a todos? Teríamos livre-arbítrio? Questões que eles não falaram em público antes e que,

A ciência tem todas as respostas?

às vezes, nem expressaram aos colegas. São aspectos que não eram necessariamente religiosos – alguns deles eram ateus, ou pessoas que eu imaginava serem assim, ou ainda que se diziam agnósticos –, mas que você pode categorizar como espirituais."

Ela acrescenta exemplos a isso. "O cosmólogo Andrei Linde lançou a questão se o universo tem que ser observado, seja por alguma 'superconsciência' ou apenas por um dispositivo de gravação inanimado, para que o tempo comece a passar no universo. São ideias que afloraram quando ele pensava sobre a gravitação quântica e o universo primordial. Alex Vilenkim é um dos físicos que ficou famoso por ter mostrado que o universo poderia ter sido criado do 'nada' pelas flutuações quânticas, esclarecendo que com 'nada' ele queria dizer nada de matéria nem espaço-tempo. No entanto, ele era curioso sobre a origem das leis quânticas, ou seja, o universo não viria realmente do nada, a física e a matemática já estariam lá."

"E essas pessoas não só estavam dispostas a falar sobre isso, mas sentiam um alívio ao dizer essas coisas, porque nunca puderam conversar sobre isso antes. Um físico, Tony Zee, me contou como ele fora censurado por um colega veterano quando começou a fazer 'grandes perguntas', quando ainda era um jovem pesquisador, e acabou tendendo a ficar quieto em público sobre essas coisas."

Havia também o caso de Antoine Suarez. "Ele trabalha com os fundamentos da mecânica quântica e o livre-arbítrio", explica Zeeya. "Tinha uma ideia bem estabelecida sobre o que a mecânica quântica deveria ser para combinar com sua crença religiosa. Ele acreditava muito que a mecânica quântica teria que ser determinística, que não há incertezas nela, porque Deus sabe tudo. Ele desenvolveu um experimento para provar o que era essencialmente motivado pela sua crença religiosa."

No entanto, o resultado do experimento não subsidiou a crença de Suarez de que a natureza é fundamentalmente determinística. "Ele mudou sua concepção de como Deus trabalha – o que significaria Deus ser onisciente – baseado no resultado do experimento", complementa Zeeya, claramente impressionada.

208

"O que aconteceu com os teólogos que você pensou em entrevistar sobre a parte 'estranha'?", pergunto então.

"Acabei não os incluindo", responde Zeeya. "Eu fui entrevistá-los e eles mostraram todo aquele rigor quando questionados sobre ética. Mas o engraçado é que isso mataria o espírito do livro."

"Quando eu perguntava aos cientistas essas mesmas questões, conseguia respostas emocionadas – respostas que vinham à tona porque eles cavavam fundo no âmago da ciência", explica Zeeya. "Eles diziam coisas que eram muito pessoais, expressavam confusão e admitiam, às vezes, não saber sempre o que pensar. Eu não queria então trazer um teólogo que diria que, 'na verdade, essa é a maneira correta de pensar sobre a ética do multiverso, seja lá o que for, e o que os cientistas dizem sobre filosofia e ética não é racional e nem faz sentido, se pensarmos sobre isso logicamente'. Eu queria dar voz a esses cientistas, porque eles estavam no centro disso, o que dava significado a suas palavras. Eu queria transmitir suas incertezas e que isso fazia parte de um processo mental em andamento para muitos deles."

Eu acho que entendo o que ela quer dizer. Digo então que "eu sinto que a física é mais atemporal do que moral e ética. Isto é, eu não sei o que vai ser da ética e da moral daqui a dois mil anos, mas a matemática continuará a mesma."

"Sim", Zeeya concorda. "Dito isso, se eu quisesse ouvir as opiniões de pessoas, seriam as das vozes dos envolvidos nisso. O interessante, na minha opinião, foi o fato de pessoas incrivelmente rigorosas com a física conseguirem ser emocionais e filosóficas sem impedimentos, como qualquer um de nós. Eles têm as mesmas questões e incertezas. Eles não sabem todas as respostas e são muito abertos a admitir isso. Eu queria realmente incluir isso no livro, que existe uma receptividade nesses cientistas, pois acho que o público tem a impressão de que a ciência encerra muitas questões, enquanto os cientistas respondem que 'eu não tenho resposta para isso'. E são humildes quanto a isso e era o que eu queria revelar."

Eu acrescento que "sinto frequentemente que o lado filosófico e espiritual é algo sobre o que não falamos suficientemente nos

A ciência tem todas as respostas?

fundamentos da física. Mesmo sendo algo tão importante para muitas pessoas nesse campo".

Zeeya concorda. "Eu acho que as pessoas nem sempre reconhecem isso em si mesmas, ou talvez achem que isso seria uma falha. Mas eu não acho que seja uma falha. Eu acredito que seja um aspecto muito natural de como escolhemos devotar a nossa vida a certas paixões e vocações."

A RESPOSTA RÁPIDA

Um universo em expansão pode produzir sua própria energia. Isso significa que se descobrirmos como o nosso universo começou, poderíamos ser capazes de dar o pontapé inicial para o crescimento de um novo. A teoria mais popular que os físicos têm hoje em dia para o início do nosso universo – a inflação cósmica – pode estar errada, mas mesmo se estiver correta, a tecnologia necessária está muito distante de nós. Mas seria possível em princípio. Eu sei que parece loucura, mas a ideia de que um dia poderíamos criar um universo em laboratório é consistente com tudo o que conhecemos.

OS HUMANOS SÃO PREVISÍVEIS?

OS LIMITES DA MATEMÁTICA

Você lembra da cena de *Instinto selvagem*? Não, não é *aquela*.* Eu me refiro à cena na qual eles sobem a escada e ele diz "eu sou muito imprevisível" e ela diz "imprevisível" ao mesmo tempo. Nós não somos nem remotamente tão imprevisíveis quanto imaginamos.

Muitos aspectos do comportamento humano são na verdade relativamente fáceis de prever. Reflexos, por exemplo, curtos-circuitos de controle consciente em benefício da rapidez. Se você ouvir repentinamente um som alto, posso prever

---

* N.T. Para os leitores mais jovens, trata-se de um filme de 1992 com Sharon Stone e Michael Douglas. A cena famosa, que não interessa aqui, é uma antológica cruzada de pernas erótica de Stone na delegacia de polícia.

A ciência tem todas as respostas?

que você vai tremer e seu coração disparar. Outros aspectos do comportamento humano são previsíveis em média para grupos, originando-se, entre outras coisas, das restrições da realidade econômica, normas sociais, leis e educação. Considere o fato, que não é surpreendente, do trânsito ser normalmente pior durante os horários de pico. Os padrões de mobilidade urbana são, na verdade, previsíveis em 93% dos casos,[140] de acordo com a análise de dados coletados de usuários de telefones celulares. Eu também posso prever que tirar a roupa em público na América do Norte chamará muita atenção. E que os britânicos tomam chá, assistem a jogos de críquete e se você tiver um sotaque estrangeiro, eles inevitavelmente te explicarão que a rainha é dona dos cisnes na Inglaterra.[141,*]

Os estereótipos são divertidos exatamente porque humanos são, em certa medida, previsíveis. Mas o comportamento humano é inteiramente previsível? Pode-se dizer que hoje em dia não é inteiramente previsível, mas essa é a resposta sem graça. Seria em princípio completamente previsível, dado tudo o que conhecemos sobre as leis da natureza? Você deve temer se tornar previsível um dia, caso seja um compatibilista, que acredita que seu arbítrio é livre porque suas decisões não podem ser previstas?

O filósofo Michael Scriven alegou em 1965 que a resposta é não. Scriven afirmava[142] que existe uma "imprevisibilidade essencial no comportamento humano", usando para isso o que hoje é chamado de *paradoxo da previsibilidade*. O argumento funciona como segue. Imagine que lhe dão a tarefa de tomar uma decisão. Por exemplo, se eu lhe oferecer um chocolate, você pode aceitá-lo ou não. Agora imagine que eu previ a sua decisão e a comuniquei a você. Nesse caso, você poderia resolver fazer o oposto e minha previsão seria falsa! Consequentemente, o comportamento humano tem um elemento imprevisível. É importante dizer que o raciocínio de Scriven funciona mesmo que o comportamento humano seja determinado inteiramente pelo, digamos, estado inicial do universo. Aparentemente, a previsibilidade não advém do determinismo.

---

* N.T.: Uma tradição popular remontando há séculos, que diz que a rainha pode requisitar a qualquer momento o cisne que quiser.

A conclusão é correta, mas não tem nada a ver com o comportamento humano em particular. Para entender o porquê, suponha que eu escreva um código de computador que tenha como única tarefa responder SIM ou NÃO à pergunta caso o número fornecido como input seja par. Em seguida, eu acrescento uma cláusula segundo a qual na rodada seguinte seria fornecido o número junto com resposta correta à pergunta da primeira rodada. A resposta agora seria a negação da primeira resposta. Isto é, um primeiro input com "44" resultaria em um SIM, mas a entrada seguinte, "44, SIM", resultaria em NÃO. De acordo com o argumento de Scriven, haveria também algo essencialmente imprevisível no código de computador.

De fato, existe, pois a previsão para a resposta do código depende do dado de entrada e sem este o resultado é imprevisível. Muitos sistemas apresentam essa propriedade, como, por exemplo, quando lhe oferecem um chocolate: sua reação depende do que eu digo ao oferecê-lo. Isso, no entanto, não significa que seja fundamentalmente imprevisível, quer dizer apenas que é imprevisível por falta de dados. Se nos colocarmos em um quarto isolado, ou seja, em um mundo determinístico, você poderia prever exatamente o que cada um de nós faria, bem como se você aceitaria o chocolate.

Portanto, o argumento de Scriven não funciona aqui. Mas se você estiver atento, saberá que o comportamento humano é parcialmente imprevisível apenas porque a mecânica quântica é fundamentalmente aleatória. Não está bem claro qual seria o papel efetivo dos efeitos quânticos no cérebro humano, mas não precisamos conhecê-los exatamente. Você pode simplesmente usar um dispositivo mecânico-quântico- ou talvez baixar o aplicativo Universe Splitter do Google Play no seu celular – para ajudar na decisão sobre aceitar ou não o chocolate. E eu não poderia prever a decisão.

Eu poderia ainda, no entanto, prever a probabilidade de sua tomada de decisão e testar se minhas previsões são boas, repetindo o experimento da mesma forma como testamos a mecânica quântica. Assim, quando perguntamos se o comportamento humano é previsível, deveríamos perguntar, na verdade, se as probabilidades das decisões são previsíveis. No que concerne às leis da natureza vigentes, elas o são; e na dimensão em que não são previsíveis, elas tampouco estão sob seu controle.

Essa conclusão, porém, parece estar em contradição com alguns resultados da ciência da computação. Nessa ciência existem alguns tipos de problemas que são indecidíveis, o que significa que foi provado matematicamente que nenhum algoritmo possível pode resolver o problema. Será que algo similar não ocorreria no cérebro humano?

Um dos problemas indecidíveis mais bem conhecidos é o *problema dos ladrilhos*, proposto por Hao Wang[143] em 1961. Suponha que você tenha um conjunto de ladrilhos quadrados. Desenhe um X em cada um deles, obtendo assim quatro triângulos em cada ladrilho. Agora preencha cada triângulo com uma cor (Figura 18). É possível cobrir um plano infinito com esses ladrilhos, de modo que as cores de peças vizinhas combinem entre si, sem girar os ladrilhos e nem deixar espaços vazios? Esse é o problema dos ladrilhos. É fácil perceber que, para certos conjuntos de ladrilhos, a resposta é afirmativa: sim, é possível. Mas a questão colocada por Wang era se, dado um conjunto arbitrário de ladrilhos, você poderia prever se o plano será preenchido?

Figura 18
Exemplo de um conjunto de ladrilhos de Wang.

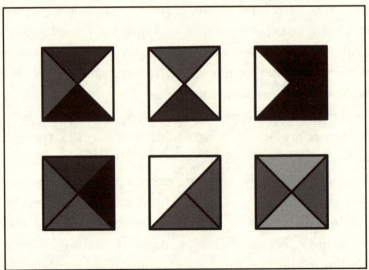

Esse problema acabou se revelando indecidível. Não podemos escrever um código computacional que dê a resposta para todos os conjuntos de ladrilhos possíveis. Isso foi demonstrado em 1966 por Robert Berger,[144] que mostrou que o problema dos ladrilhos de Wang é uma variante do problema da parada de Alan Turing.[145] O problema da parada coloca a questão se um algoritmo dado terminará um cálculo em tempo finito ou se continuará calculando para sempre. O problema, como Turing demonstrou, é que não existe um meta-algoritmo que decida se um dado algoritmo concluirá a tarefa ou não. Não existe, da mesma forma, um meta-algoritmo que possa decidir se um conjunto qualquer de ladrilhos preencherá o plano.

A indecidibilidade, contudo, tanto no problema dos ladrilhos quanto no da parada, advém do requisito de que o algoritmo calcula um sistema de tamanho infinito. No caso do problema dos ladrilhos, trata-se de todos os conjuntos possíveis de ladrilhos; no caso do problema da parada, a questão se refere a todos os possíveis inputs nos algoritmos. Existem infinitamente muitos de ambos. Nós já vimos isso anteriormente no capítulo "A física descartou o livre arbítrio?", quando discutimos a questão se algumas propriedades emergentes de sistemas compostos não são computáveis. Essas propriedades não computáveis ocorrem apenas se alguma quantidade de torna infinitamente grande, o que nunca acontece na realidade e certamente não no cérebro humano.

Portanto, se não podemos afirmar que nossas decisões poderiam ser algoritmicamente indecidíveis, o que acontece com o argumento do teorema da incompletude de Gödel trazido por Roger Penrose? A afirmação de Penrose é sobre computabilidade, o que é um pouco mais restrito do que a previsibilidade. Um processo é computável se ele pode ser produzido por um algoritmo computacional. As leis vigentes da natureza são computáveis, exceto para os elementos aleatórios da mecânica quântica. Se essas leis não fossem computáveis, então teríamos espaço para algo novo, quem sabe até imprevisíveis.

Vamos usar então a abordagem do teorema de Gödel mencionado por Penrose, que ele credita a Stourton Steen. Comecemos com um conjunto pequeno de axiomas e imaginemos um algoritmo de

A ciência tem todas as respostas?

computador que gere teoremas a partir desses axiomas, um após o outro. Gödel mostrou, então, que sempre existe uma afirmação, formulada nesse sistema de axiomas, que é verdadeira, mas o algoritmo não pode prová-la. Essa afirmação é chamada usualmente de *sentença de Gödel* do sistema.[146] Ela é construída de modo a afirmar implicitamente que não pode ser provada internamente ao sistema. Portanto, a sentença de Gödel é verdadeira exatamente por não poder ser provada, mas sua verdade pode ser percebida apenas fora do sistema.

Pode parecer assim que, pelo fato de que *nós* podemos enxergar a verdade da sentença de Gödel, enquanto o algoritmo não, existe alguma coisa na cognição humana que computadores não têm. No entanto, esse discernimento singular sobre a sentença de Gödel não é computável apenas naquele algoritmo específico. A razão pela qual podemos ver a verdade dessa sentença de Gödel é que temos mais informação sobre o sistema do que o algoritmo que gera todos aqueles teoremas, nós sabemos como o algoritmo em si foi programado.

Se déssemos essa informação para um novo algoritmo, então este veria a verdade da sentença de Gödel do algoritmo anterior da mesma forma que nós. Poderíamos, porém, construir uma nova sentença de Gödel para esse novo algoritmo, bem como um terceiro algoritmo que reconheça a nova sentença de Gödel, e assim sucessivamente. O argumento de Penrose é de que podemos fazer mais do que qualquer algoritmo concebível, porque podemos ver a verdade de *qualquer* sentença de Gödel.

O problema com esse raciocínio é que algoritmos computacionais, se devidamente programados, são – de acordo com tudo que podemos dizer – tão capazes de raciocínio abstrato quanto nós. Não podemos, como tampouco pode um computador, contar até o infinito, mas podemos analisar as propriedades de sistemas infinitos, tanto os enumeráveis, quanto os não enumeráveis. Os algoritmos também podem. Dessa forma o próprio teorema de Gödel foi provado algoritmicamente.[147] Portanto, alguns algoritmos também podem "ver a verdade" de todas as sentenças de Gödel.

Existem ainda várias outras objeções que foram levantadas contra a afirmação de Penrose, mas a maioria se resume a apontar para o fato de

Os humanos são previsíveis?

que humanos também não veriam a verdade da sentença de Gödel sem ter informações adicionais, como a do teorema de Gödel em si. Contudo, eu ainda acho muito fascinante a afirmação de que humanos reconheceriam a expressão $\forall\, x \neg \mathrm{Prf}_F (x, \ulcorner G_F \urcorner)$ como obviamente correta.[148] Essa é uma ideia que só mesmo um matemático poderia propor.

Um computador poderia chegar a uma demonstração do teorema de Gödel por conta própria? Essa é uma questão em aberto, mas, pelo menos por enquanto, o raciocínio de Penrose não demonstra que o pensamento humano não é computável.

Não achamos, até agora, nenhuma brecha que permita dizer que o comportamento humano seja imprevisível. Mas e quanto ao caos? Caos é determinístico, mas isso não quer dizer que seja previsível. Caos poderia, de fato, ser um problema maior para a previsibilidade[149] do que se pensa normalmente, em função do que Tim Palmer apelidou de o "efeito borboleta real".

No chamado efeito borboleta comum, a evolução temporal de um sistema caótico é extremamente sensível às condições iniciais, os menores erros (uma borboleta batendo asas na China) pode levar a grandes diferenças depois (um furacão no Oceano Atlântico). O efeito borboleta real, por outro lado, significa que mesmo as condições iniciais definidas com grande precisão permitem previsões para apenas um intervalo finito de tempo. Um sistema com esse comportamento seria determinístico e ainda sim imprevisível.

Porém, se matemáticos identificaram algumas equações diferenciais que se comportam assim,[150] ainda não está claro se o efeito borboleta real já ocorreu alguma vez na natureza. As teorias quânticas, para começo de conversa, não são caóticas[151] e, portanto, não podem sofrer o efeito borboleta real. As singularidades na relatividade geral podem impedir previsões além de um período finito, como no interior de buracos negros ou no Big Bang. Essas singularidades, no entanto, como já vimos, possivelmente sinalizam apenas que a teoria não funciona ali e precisaria ser substituída por alguma melhor. E se algum dia a teoria da relatividade for complementada por uma teoria quântica, então também nela não seria possível o efeito borboleta real.

A melhor oportunidade para um colapso da previsibilidade vem, como no caso do efeito borboleta "comum", das previsões do tempo. Nesse caso a lei dinâmica é a equação de Navier-Stokes, que descreve o comportamento de gases e fluidos. Não sabemos ainda se a equação de Navier-Stokes tem sempre soluções previsíveis. Este é, na verdade, o quarto problema na lista dos Problemas do Milênio do Instituto Clay de Matemática.[152]

A equação de Navier-Stokes, no entanto, não é fundamental, ela emerge do comportamento das partículas que compõem um gás ou um fluido. Já sabemos que no seu nível mais profundo e fundamental os gases também são descritos por teorias quânticas, assim seu comportamento é previsível, ao menos em princípio. Isso não responde à questão se a equação de Navier-Stokes sempre tem soluções previsíveis, mas se não for esse o caso, é porque ela não leva em consideração efeitos quânticos.

Até aqui não temos nenhuma razão para achar que o comportamento humano não seja computável, que as decisões humanas sejam algoritmicamente indecidíveis ou que o comportamento humano poderia ser previsível apenas por um curto período. À luz, principalmente, do argumento de reposição neuronal do capítulo "Somos apenas sacolas cheias de átomos?", parece mesmo que podemos simular um cérebro em um computador e assim prever o comportamento humano.

A física, no entanto, coloca um monte de obstáculos no caminho. O mais importante deles talvez seja o de que substituir um neurônio não é o mesmo que replicá-lo. Se quisermos prever o comportamento humano, precisaríamos primeiro produzir um modelo fidedigno do cérebro de uma pessoa. Para isso teríamos que medir primeiro suas propriedades de alguma forma e então copiá-las na nossa máquina de previsões, seja lá o que isso for. Na mecânica quântica, no entanto, o estado de um sistema não pode ser replicado perfeitamente sem destruir o sistema original. Esse *teorema de não clonagem* torna provavelmente impossível conhecermos exatamente o que se passa no interior de um cérebro, pois, do contrário, mudaríamos esse cérebro. Portanto, se qualquer detalhe relevante em seus pensamentos está no formato quântico, eles são "incognoscíveis" e com isso imprevisíveis.

Os efeitos quânticos, por outro lado, talvez não sejam realmente importantes para definir exatamente o estado do seu cérebro. Mesmo assim, há um outro obstáculo ainda no caminho de prever o comportamento humano. Nossos cérebros não são particularmente bons para processar problemas matemáticos difíceis, mas são extraordinariamente eficientes para tomar decisões complexas, apesar de consumir somente uns 20 watts, similar ao consumo de um laptop. Se pudéssemos fazer a simulação de um cérebro em um computador, seria então questionável se o computador seria mais rápido do que o cérebro que ele tenta simular. As deliberações humanas poderiam ser computáveis, mas não, para usar uma expressão cunhada por Stephen Wolfram, *computacionalmente redutíveis* e, portanto, imprevisíveis, no sentido de que seu cálculo poderia estar correto, mas seria lento demais.

É plausível que parte do nosso comportamento seja computacionalmente irredutível. O cérebro humano foi otimizado por seleção natural ao longo de centenas de milhares de anos. Se alguém quisesse prever isso, precisaria primeiro construir uma máquina que fizesse a mesma coisa, mais rapidamente. No entanto, pela mesma razão – isto é, ser produzido pela seleção natural – também é improvável que o cérebro humano seja de fato a maneira mais rápida de computar o que nosso cérebro computa. A seleção natural não está no ramo de chegar à melhor das soluções. As soluções precisam ser apenas boas o suficiente para sobreviver. Se levarmos em conta que o computador não precisa ser tão energeticamente eficiente quanto o nosso cérebro, suspeito que seria possível ultrapassar o cérebro humano em velocidade. Mas será difícil.

Pelo mesmo motivo, duvido que algum dia consigamos, como argumentou Sam Harris, deduzir morais a partir de qualquer que seja o conhecimento que coletemos sobre o cérebro humano. Mesmo no caso disso tornar-se possível, levaria tempo demais. É muito mais fácil perguntar simplesmente para as pessoas o que elas pensam, que é, resumidamente, o que nossos sistemas político, econômico e financeiro fazem. Ou pelo menos deveriam.

Em resumo: não temos nenhuma razão para pensar que o comportamento humano seja imprevisível em princípio, mas há boas razões para pensar que é muito difícil prever na prática.

A ciência tem todas as respostas?

A FRAGILIDADE DA IA

Agora que discutimos os desafios para simular o comportamento humano, vamos falar um pouco sobre as tentativas de criar uma inteligência artificial geral. Ao contrário dos sistemas artificialmente inteligentes que estão sendo usados, que se especializam em algumas tarefas – tais como reconhecer vozes, classificar imagens, jogar xadrez ou filtrar mensagens de spam –, uma inteligência artificial geral seria capaz de entender e aprender tão bem quanto os humanos, ou até mesmo superá-los.

Muitas pessoas proeminentes expressaram suas preocupações sobre o propósito de desenvolver uma inteligência artificial (IA) tão poderosa. Elon Musk acha que seria a "maior ameaça existencial".[153] Stephen Hawking disse que poderia ser "o pior evento na história da nossa civilização".[154] O cofundador da Apple, Steve Wozniak, acredita que IAs vão "descartar humanos lentos para gerir empresas mais eficientemente".[155] Bill Gates, também se posicionou no "campo que está preocupado com a superinteligência".[156] O Future of Life Institute, em 2015, elaborou uma carta aberta[157] pedindo cautela e formulando uma lista de prioridades em pesquisa. A carta foi assinada por mais de 8 mil pessoas.

Essas preocupações não são infundadas. A inteligência artificial, como qualquer nova tecnologia, apresenta riscos. Ainda que estejamos longe de criar máquinas remotamente tão inteligentes quanto nós humanos, é importante pensar, antes cedo do que tarde, em como lidar com elas. Eu acredito, no entanto, que essas preocupações negligenciam os problemas mais imediatos que a IA trará.

Máquinas artificialmente inteligentes não descartarão os humanos logo, porque elas ainda precisarão de nós por um bom tempo. O cérebro humano pode não ser o melhor dispositivo para pensar, mas tem vantagens diferenciadas sobre todas as máquinas concebidas até agora: ele funciona por décadas. É robusta e se autorrepara. Alguns milhões de anos de evolução não só otimizaram nossos cérebros, mas também nossos corpos e, ainda que o resultado possa certamente ser melhorado (ai, a dor nas costas), ele é mais durável do que qualquer aparato

220

pensante baseado em chips de silício criado até o momento. Alguns pesquisadores de IA têm até defendido a ideia de que algum tipo de corpo seria necessário[158] para alcançar uma inteligência comparável com a humana, o que – se estiver correto – aumentaria imensamente o problema da fragilidade da IA.

Todas as vezes que levanto essa questão para entusiastas da IA, eles me dizem que as IAs aprenderão a se autorreparar e, mesmo que não consigam isso, elas simplesmente se transferirão para outras plataformas. Muitas das percepções de ameaças advindas da IA vêm, de fato, de sua presumida habilidade de se replicar rápida e facilmente, sendo então, ao mesmo tempo, basicamente imortais. Eu acho que não é por aí que a coisa irá.

Parece-me mais plausível que no início as inteligências artificiais serão poucas e de um único tipo, e assim permanecerá por um longo tempo. Serão necessários grandes grupos de pessoas e muitos anos para construir e treinar inteligências artificiais gerais. Reproduzi-las não será mais fácil do que reproduzir o cérebro humano. Elas serão de difícil conserto em caso de quebra, porque, como nos cérebros humanos, não seremos capazes de separar o software do hardware. As primeiras dessas máquinas morrerão rapidamente por razões que nem ao menos compreenderemos.

Nós já começamos a ver essa tendência. O seu computador não é igual ao meu. Eles não são iguais, mesmo que você tenha o mesmo modelo do meu e utilize o mesmo software. Os hackers exploram essas diferenças entre computadores para rastrear sua atividade na internet. O *Canvas fingerprinting*, por exemplo, é um mecanismo que pede ao seu computador para renderizar uma fonte e gerar uma imagem. A maneira exata que seu computador realiza essa operação depende tanto do seu hardware quanto do software, portanto o resultado da imagem pode ser usado para identificar um aparelho.

Não notamos muito, por ora, essas sutis diferenças entre computadores (exceção seja feita, possivelmente, quando passamos horas navegando por fóruns de ajuda, murmurando, "alguém deve ter tido esse problema antes", e no fim não achamos nada). Quanto mais os computadores se tornem complexos, mas óbvia será a diferença entre eles. Eles se tornarão, algum dia, indivíduos com caprichos e falhas irreprodutíveis, como eu e você.

Com isso juntamos a fragilidade da IA com a tendência de que a crescente complexidade levará a hardwares e softwares únicos. Agora extrapolemos isso para algumas décadas no futuro. Teremos algumas poucas grandes empresas, governos e, quem sabe, alguns bilionários capazes de bancar suas próprias IAs. Essas IAs serão delicadas e necessitarão atenção constante de equipes de humanos dedicados.

Alguns problemas surgem imediatamente se pensarmos dessa maneira.

1.*Quem fará quais perguntas? E quais serão as questões?*
Essa talvez não seja matéria de discussão para IAs privadas, mas e quanto àquelas produzidas por cientistas ou compradas por governos? Todo mundo terá o direito a uma pergunta por mês? As questões difíceis terão que ser aprovadas pelo congresso? Quem administrará isso?

2. *Como você saberá se está interagindo com uma IA?*
No momento em que se começar a confiar nas IAs, haverá o risco que humanos as usem para defender seus planos ao repassar as próprias opiniões como se fossem da IA. Esse problema surgirá bem antes das IAs serem inteligentes o suficiente para desenvolver objetivos próprios. Imaginem um governo que use IA para encontrar o melhor fornecedor para uma licitação lucrativa. Você acha mesmo que será uma coincidência que o maior acionista da empresa escolhida é o irmão de alguém no alto escalão do governo?

3. *Como podemos saber se a IA é realmente boa para dar respostas?*
Se existirem apenas algumas IAs, treinadas para propósitos inteiramente diferentes, talvez não seja possível reproduzir nenhum de seus resultados. Portanto, como será possível saber se podemos confiar nelas? Poderia ser uma boa ideia exigir que todas as IAs tenham uma área de competência em comum que possa ser usada para comparar suas performances.

4. Como podemos prevenir o aumento da desigualdade, tanto internamente às nações quanto entre elas, que inevitavelmente acontecerá pelo acesso limitado à IA?

Ter uma IA para responder a questões difíceis pode ser uma grande vantagem, mas deixá-las apenas nas mãos do mercado provavelmente tornará os ricos mais ricos e os pobres ainda mais vulneráveis. Se isso não for algo que os "não ricos" desejam – eu certamente não –, devemos pensar em como lidar com isso.

Eu pessoalmente tenho poucas dúvidas de que uma inteligência artificial geral seja possível. Ela pode ser de grande benefício para a civilização humana – ou um grande problema. É certamente importante pensar que ética deve ser implementada nos códigos dessas máquinas inteligentes. No entanto, os problemas imediatos que teremos com as IAs vêm da *nossa* ética, não da delas.*

PREVENDO A IMPREVISIBILIDADE

Eu passei boa parte deste livro discutindo o que a física pode nos ensinar sobre nossa própria existência. Eu espero que você tenha apreciado o passeio por esses temas, mas talvez tenha ficado com a impressão de que se trata de matéria interessante que pouco tem a ver com os problemas na vida real. Por isso, chegando ao fim do livro, quero gastar algumas páginas sobre as consequências práticas que o entendimento da imprevisibilidade pode ter no futuro.

Voltemos então ao problema da previsão do tempo. Não resolveremos aqui o quarto Problema do Milênio. Assim, em nome do raciocínio, imaginemos que as soluções da equação de Navier-Stokes são, às vezes, de fato imprevisíveis para além de um intervalo de tempo. Como

---

* N.T. O livro foi escrito originalmente antes do lançamento público da plataforma chatGPT pela empresa OpenAI, no final de 2022, que difundiu amplamente o debate público sobre IA. Alguns autores consideram a última versão (no momento desta tradução) dessa máquina como uma inteligência artificial geral incipiente. As questões levantadas pela autora aplicam-se perfeitamente a ela e suas concorrentes.

já expliquei, já sabemos que essa equação não é fundamental, ela emerge de teorias quânticas que descrevem as partículas. No entanto, sendo fundamental ou não, entender as propriedades da equação de Navier-Stokes revela razoavelmente o que podemos obter com a sua solução.

Se soubéssemos que não poderíamos melhorar a previsão do tempo, porque um teorema matemático diz que isso é impossível, poderíamos talvez concluir que não faz sentido investir grandes somas de dinheiro em mais estações meteorológicas. Essa recomendação de investimento continuaria sendo absurda, mesmo se a equação de Navier-Stokes não for a fundamentalmente correta, pois o que importa é que é a equação que meteorologistas usam na prática.

Esse é um caso obviamente simplificado. A viabilidade de uma previsão depende, na realidade, do estado inicial: algumas tendências meteorológicas são fáceis de prever a longo prazo, outras não. No entanto, uma vez mais, entender a princípio o que pode ser previsto não é apenas uma especulação matemática vazia. É necessário saber o que e como podemos melhorar.

Vamos aprofundar um pouco mais esse raciocínio. Imagine que nos tornamos realmente bons na previsão do tempo, tão bons que podemos descobrir exatamente quando a equação de Navier-Stokes leva a uma situação imprevisível. Isso permitiria achar quais pequenas intervenções no sistema climático poderiam mudar o clima a nosso favor.

Os cientistas de fato já consideraram a possibilidade de um controle climático para, por exemplo, impedir que ciclones tropicais evoluam para furacões. Eles entendem suficientemente bem a formação de furacões para chegar a métodos que interrompam o aumento de sua intensidade. O maior problema, no presente, é que as previsões meteorológicas não são boas a ponto de descobrir onde e quando intervir. A prevenção de furacões, ou o controle do clima em outras situações, não é, no entanto, uma ideia futurista sem esperança. Nós talvez possamos ser capazes de fazer isso em algumas décadas, se a capacidade computacional continuar a aumentar.

O controle do caos também desempenha um papel importante em muitos outros sistemas, como no plasma em uma usina de fusão nuclear, por exemplo. O plasma é uma sopa de núcleos atômicos e seus elétrons desconectados com uma temperatura de mais de 100 milhões de graus Celsius. O plasma pode, às vezes, gerar instabilidades, que podem danificar enormemente o reservatório que o contém. No caso de uma instabilidade dessas aparecer, o processo de fusão tem que ser interrompido rapidamente. Essa é uma das principais razões pela qual é tão difícil fazer funcionar um reator de fusão energeticamente eficiente.

A instabilidade do plasma, porém, seria evitável em princípio, se prevíssemos quando uma situação imprevisível estaria por ocorrer e assim pudéssemos controlar o plasma para evitar a situação. Em outras palavras, se entendermos quando uma solução das equações se torna imprevisível, podemos usar esse conhecimento para prevenir que a situação de fato ocorra.

Isso não é apenas a fantasia de um teórico: um estudo recente[159] se debruçou exatamente sobre isso. Um grupo de pesquisadores treinou um sistema de inteligência artificial para reconhecer padrões de dados que sinalizem instabilidades de plasma iminentes. Eles foram bem-sucedidos usando apenas dados públicos. Eles identificaram 80% dos casos de instabilidades iminentes com um segundo de antecedência e praticamente todas elas com pelo menos 30 milissegundos de vantagem.

Essa foi, é verdade, uma análise retrospectiva sem a opção de um controle ativo. No entanto, se passarmos a fazer essas previsões suficientemente bem, o controle ativo pode se tornar possível no futuro. Uma usina de fusão energeticamente eficiente pode ser, no final das contas, uma questão de sintonia fina com aprendizado de máquina avançado.

Uma consideração similar se aplica a um sistema aparentemente bem diferente que, no entanto, apresenta muitos paralelos com as bolhas no plasma e a previsão do tempo: o mercado de ações. Todo um exército de analistas financeiros ganha dinheiro, hoje em dia, tentando prever as vendas e compras de ações com instrumentos financeiros, uma tarefa que passou a incluir prever as previsões de seus concorrentes. No entanto, uma vez ou outra, eles também são pegos de surpresa. O mercado de ações despenca, vendedores entram em pânico, todo mundo culpa todo mundo, e o mundo se afunda em uma recessão.

Mas se pudéssemos saber com antecedência quando o problema baterá na nossa porta, poderíamos simplesmente fechar bem a porta.

Não é apenas a imprevisibilidade que queremos reconhecer para assim evitá-la, mas também a não computabilidade. Considere esse mesmo sistema financeiro: ele é um sistema auto-organizado, adaptativo e com o propósito de otimizar a distribuição de recursos. Alguns economistas têm argumentado que essa otimização é parcialmente não computacional. Isso certamente não é bom, pois quer dizer que o sistema econômico não consegue realizar seu trabalho. Ou melhor, nós como agentes no sistema econômico não conseguimos fazer o nosso trabalho porque as negociações não levam aos resultados desejados.

A criação de um sistema econômico que possa realmente fazer essa otimização desejada (em tempo finito) vêm motivando a linha de pesquisa de *economia computacional*.[160] Como no caso da imprevisibilidade, o que torna os teoremas de impossibilidade relevantes para a economia computacional não é provar que a solução do problema (aqui seria como distribuir melhor os recursos) é fundamentalmente não computável – pode ser ou não –, mas simplesmente não é computável com os meios disponíveis atualmente.

No entanto, em outras situações, a imprevisibilidade é algo que gostaríamos de provocar em vez de evitar, pela simples razão de que a aleatoriedade às vezes pode ser benéfica. Um exemplo seria a prevenção de algoritmos computacionais apenas travarem na busca de soluções otimizadas.

Imagine um algoritmo computacional como um dispositivo que, quando imerso em uma paisagem montanhosa, move-se sempre ladeira acima. A paisagem é uma analogia para as possíveis soluções de um problema, enquanto as alturas correspondem a alguma grandeza que você quer otimizar, a precisão de uma previsão, por exemplo. Ao final, o algoritmo vai parar em uma colina – o *ótimo local* –, mas o que você realmente queria era encontrar a montanha mais alta – o *ótimo global* (veja a Figura 19). A adição de um ruído aleatório pode prevenir que essa parada ocorra, pois o algoritmo passaria a ter a chance de coincidentemente descobrir uma resposta melhor. Portanto, apesar de contraintuitivo, um elemento aleatório pode melhorar o desempenho de um código matemático.

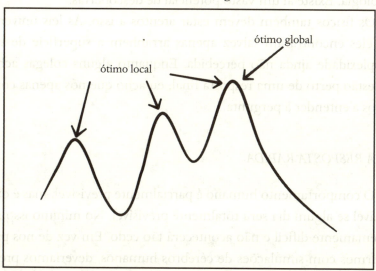

Figura 19
Ótimos locais *versus* global.

Em um algoritmo computacional, a aleatoriedade pode ser implementada por um gerador de números (pseudo)aleatórios sem elaborações de teoremas matemáticos complicados. Mas a imprevisibilidade pode ainda ser bem empregada para otimização em outras circunstâncias. Em pequenas doses, poderia aumentar a eficiência do sistema econômico, por exemplo. Mais interessante do que isso[161] é a imprevisibilidade ser possivelmente um elemento essencial na criatividade e, portanto, algo sobre a qual a inteligência artificial poderia se debruçar no futuro.

Nesse momento a inteligência artificial já é melhor para descobrir padrões em grandes conjuntos de dados, levando a mudanças dramáticas na ciência. Cientistas humanos buscam universais – padrões que são robustos em relação a mudanças no meio e fáceis de serem inferidos. Essa é a maneira pela qual os cientistas têm procedido até agora. O uso da inteligência artificial permite a identificação de padrões que são muito mais difíceis de serem percebidos. O desenvolvimento de uma medicina personalizada é uma das consequências e certamente vamos ouvir mais sobre o assunto em breve. Em vez de procurar por leis universais, cientistas vão ser cada vez mais capazes de rastrear exatamente as dependências em parâmetros externos, não só na ecologia

227

A ciência tem todas as respostas?

ou na biologia, por exemplo, mas também em ciências sociais e na psicologia. Existe aí um vasto potencial de descobertas.

Os físicos também devem estar atentos a isso. As leis universais que eles encontraram talvez apenas arranhem a superfície de uma complexidade ainda não percebida. Enquanto alguns colegas acham que estão perto de uma resposta final, eu acho que nós apenas começamos a entender a pergunta.

A RESPOSTA RÁPIDA

O comportamento humano é parcialmente previsível, mas é questionável se algum dia será totalmente previsível. No mínimo isso será extremamente difícil e não acontecerá tão cedo. Em vez de nos preocuparmos com simulações de cérebros humanos, deveríamos prestar atenção a quem faz as perguntas aos cérebros artificiais. Entender os limites da previsibilidade não é mero interesse matemático, mas é também relevante para aplicações no mundo real.

EPÍLOGO
AFINAL, QUAL É O PROPÓSITO DE QUALQUER COISA?

Se você leu meu livro anterior, *Lost in Math*, talvez tenha notado que ele segue uma linha em comum com este. É a linha de que eu acho que os pesquisadores em fundamentos da física não refletem o suficiente sobre aquilo que fazem. Em meu livro anterior eu critiquei o uso que fazem de métodos não científicos, resultando em becos sem saída para as suas pesquisas. Nesse livro, eu salientei que algumas pesquisas que eles buscam não são nem ao menos científicas. A maioria das hipóteses para o universo primordial, por exemplo, são apenas histórias complicadas desnecessárias para descrever qualquer coisa que observamos. O mesmo acontece

A ciência tem todas as respostas?

com as tentativas de descobrir por que as constantes da natureza são o que são ou com as teorias que introduzem universos paralelos não observáveis. Isso não é ciência. É religião mascarada de ciência sob o disfarce da matemática.

Não me leve a mal. Eu não tenho nada contra pessoas perseguindo essas ideias em si. Se alguém achar que isso tem valor por alguma razão, tudo bem para mim – todos devem ser livres para praticar sua religião. Mas eu quero que cientistas estejam atentos aos limites de suas disciplinas. Às vezes, a única resposta científica que pode ser dada é "nós não sabemos".

É por isso que me parece provável que, nesse processo de descoberta do conhecimento, religião e ciência continuarão a coexistir ainda por um longo tempo. Isso porque a ciência é em si limitada e, onde a ciência termina, buscamos por outros tipos de explicação. Como eu expus nos capítulos anteriores, alguns desses limites se originam da matemática específica em uso atualmente (a que, por exemplo, requer condições iniciais ou saltos indeterminados), que pode ser superada com o avanço da física no futuro. No entanto, alguns limites parecem intransponíveis para mim. Eu penso que no fim teremos que aceitar alguns fatos sobre nosso universo sem que tenham explicações científicas, senão pela simples razão de que o método científico não pode se justificar por si mesmo. Nós podemos observar que o método científico funciona, concluir que é vantajoso continuar a usá-lo, mas ainda assim não sabemos por que ele funciona.

Não é que eu queira ser simpática com pessoas religiosas pela única razão de ser agradável. Para começo de conversa, eu não sou exatamente conhecida como uma pessoa agradável. Mais importante do que isso, cientistas que afirmam, como fez Stephen Hawking, que "não existe a possibilidade de um criador", ou como Victor Stenger, que Deus é uma "hipótese falseada", demonstram que não entendem o limite de seu próprio conhecimento. Eu sinto arrepios quando cientistas fazem essas declarações presunçosas.

No entanto, apesar de todas as nossas limitações, eu preciso dizer que percorremos um longo e extraordinário caminho. Nós somos a

Epílogo

primeira espécie no nosso planeta a tomar as rédeas da evolução em nossas próprias mãos. Não somos mais selecionados pelo nosso ambiente natural, nós moldamos o ambiente para nossas necessidades. Se somos bons nisso é outra questão. A dificuldade que temos em manter o clima da Terra em uma faixa de habitabilidade confortável levanta, certamente, sérias dúvidas sobre nossa habilidade cognitiva para lidar com sistemas complexos e parcialmente caóticos. Talvez seja porque nossos cérebros são mal equipados para entender um sistema tão multifacetado e não linear como o clima. Talvez isso signifique que seremos no fim substituídos por uma espécie mais capaz de usar o conhecimento científico para controlar o habitat. Apenas o tempo dirá.

★ ★ ★

E não apenas concordo com Stephen Jay Gould,[162] quando ele diz que religião e ciência são dois "magistérios que não se sobrepõem". Eu dou um passo além e afirmo que cientistas podem aprender algo com as religiões organizadas. As religiões, para o bem e para o mal, têm desempenhado um papel importante para grande parte da população mundial ao longo de milhares de anos. A religião é importante para muitas pessoas de um modo que a ciência não é.

Isso é assim em parte porque a religião está por aí há mais tempo, mas também porque muitas pessoas percebem a ciência como sendo fria, tecnocrática e desumanamente racional. A ciência tem a fama de ser a estraga-prazeres que limita nossos sonhos e esperanças. É claro que a ciência diz que balançar os braços não fará você voar. Mas ela tem outro lado, que abre nossos olhos para possibilidades que sequer imaginávamos, muito menos compreendíamos. Longe de roubar o encantamento, a ciência oferece novas coisas para nos maravilharmos. Ela expande nossas mentes.

A melhor comparação que eu posso oferecer é a seguinte. Eu às vezes tenho sonhos lúcidos, ou seja, sonhos em que eu sei que estou

A *ciência tem todas as respostas?*

sonhando. Eu tenho dois amigos que tentaram induzir sonhos lúcidos, mas falharam. Eu, pelo contrário, preferiria não ter esses sonhos, mas não posso simplesmente colocá-los à venda. A principal razão de não gostar deles é que geralmente acordo em seguida e isso acaba com o resto da noite. Além disso, são sinistros.

Ao contrário de sonhos normais, aqueles em que você simplesmente aceita o que vê pelo que é, nos sonhos lúcidos eu consigo perceber que o que eu estou enfrentando não é real. Se eu "vejo" um rosto, na verdade não vejo um rosto. É muito mais a ideia de um rosto, mas quando tento olhar, ele desaparece. Ele está enterrado em um vale tenebroso, mas esse vale está dentro da minha cabeça. Prédios, objetos e mesmo o céu sofrem do mesmo problema. Eu sei que estão lá e às vezes consigo mexer com eles ou mudar suas cores, embora nem sempre isso funcione. Mas faltam detalhes a esses entes todos. Eles são mais como ideias de uma coisa real do que uma coisa real em si. Tudo isso me faz sentir como se estivesse em um *videogame* antigo, nos quais as paredes eram perfeitamente equilibradas, estreitos planos infinitos, mas que vez ou outra não se ajustavam nas esquinas e você ficava preso ali entre eles. Vocês se lembram disso? Ainda que eu pudesse voar nos meus sonhos se assim quisesse, não haveria muito o que ver lá embaixo. É bem monótono, honestamente falando.

Eu desconfio que o que está acontecendo é que meu cérebro simplesmente não armazena detalhes suficientes para projetar as imagens e experiências solicitadas pelos sonhos de maneira convincente. Isso não me surpreende, afinal como eu poderia saber o que se sente ao voar ou como seria um céu cor de rosa? Eu também sou muito ruim para lembrar de rostos, mesmo nos meus melhores dias.

A lição que eu levo disso é que o mundo lá fora é literalmente mais rico do que podemos imaginar. Nós precisamos da realidade para alimentar nossos cérebros. Eu acho que isso não é verdade apenas para nossa experiência sensorial, mas vale também para as ideias. Nós as temos pela interação com a natureza, do nosso estudo do universo – nós as conseguimos pela ciência. Exatamente como

232

Epílogo

meus sonhos lúcidos são memórias pálidas de momentos despertos, sem a ciência nossas ideias permaneceriam memórias pálidas do que já conhecemos.

Eu não iria tão longe quanto Stewart Brand, que afirmou que a "só a ciência traz novidades", pois a ciência não é certamente a única atividade criativa que busca inspiração na natureza. No entanto, a ciência tem um jeito de mudar completamente nossa concepção da realidade com reviravoltas imprevistas. É por isso que a ciência é para mim, antes de qualquer coisa, uma inspiração, e não uma profissão. É um caminho para dar sentido ao mundo e descobrir novidades genuínas. Esse é o lado da ciência que eu desejaria que fosse celebrado mais frequentemente.

Cientistas podem aprender com a religião que nem todo encontro precisa ensinar uma lição. Muitas vezes nós simplesmente apreciamos a companhia de pessoas com interesses semelhantes, queremos compartilhar experiências ou ainda desejamos uma cerimônia tradicional. A ciência carece gravemente dessa integração social. É algo que podemos e devemos melhorar. Além de palestras públicas, deveríamos oferecer aos participantes a oportunidade de se conhecerem. Ao invés de mesas-redondas com cientistas proeminentes, deveríamos falar mais sobre como o entendimento científico fez a diferença para os não especialistas. Em vez de deixarmos pesquisadores responderem perguntas da plateia, deveríamos ouvir e aprender com aqueles que foram ajudados por ideias científicas em suas dificuldades. Uma boa visão do céu noturno, um livro de embriologia, um curso on-line de psicologia ou uma aula de neurofisiologia podem mudar vidas. Eu sei disso porque as pessoas compartilham essas histórias comigo após palestras, por carta ou nas mídias sociais. Essas histórias deveriam ser mais conhecidas.

* * *

Os cientistas são frequentemente – frequentemente demais – solicitados para justificar suas pesquisas com aplicações práticas. Mas nós

A ciência tem todas as respostas?

temos, no entanto, outra razão completamente diferente para nossa pesquisa: o desejo de dar sentido à nossa própria existência. Todos nós temos uma abordagem própria para dar sentido às coisas e eu ilustrei a minha com os exemplos neste livro.

Ainda assim você poderia perguntar "de que adianta isso?". Se o universo é apenas um maquinário, um conjunto de equações diferenciais atuando sobre condições iniciais e não passamos de manchinhas de complexidade, em um universo que não se importa, aglomerados de partículas autoconscientes que logo serão tragadas pelo aumento da entropia, então para que perder tempo descobrindo como a nossa existência é insignificante? Qual é o significado da vida se ela não tem um propósito?

Eu não tenho a intenção de responder essa pergunta para você, não porque eu não ache que haja uma resposta para ela, mas sim porque acredito que todos devemos encontrar nossa própria resposta. Deixe-me simplesmente contar o que eu pessoalmente penso sobre isso.

Eu me lembro de quando perguntei para minha mãe "qual é o significado da vida?", acho que quando tinha 14 anos. Ela parecia mais cansada do que surpresa com a sua filha adolescente e, depois de alguma reflexão, respondeu que para ela o sentido da vida é passar o conhecimento para a próxima geração. A minha mãe, vocês devem saber, é uma professora de ensino médio (agora aposentada). A sua resposta foi coerente, pensei na época, ainda que um pouco capenga. É óbvio que uma professora diria que passar o conhecimento é a coisa mais importante de todas!

Passados trinta anos, eu cheguei praticamente à mesma conclusão. É verdade que muitos também dizem que eu me pareço com a minha mãe. Embora eu tivesse a intenção de ser professora, acabei desistindo da ideia simplesmente porque não gosto de me repetir. Mesmo assim, hoje eu daria uma resposta muito semelhante à da minha mãe.

Eu preciso dizer que nas últimas duas décadas fui enormemente abençoada e privilegiada. Graças ao apoio financeiro de órgãos governamentais, instituições privadas e doadores individuais, fui capaz de estudar as leis fundamentais da natureza e comunicar a

Epílogo

você as conclusões às quais cheguei. O retorno que eu tenho, pelos meus textos, minhas palestras e meu canal de vídeo, demonstra claramente que muitas pessoas se importam com respostas para as mesmas perguntas que me guiam. Elas querem saber como o universo funciona.

De um ponto de vista puramente econômico, a minha pesquisa tornou-se possível apenas porque muitos outros pensaram que o conhecimento potencial em vista valeria o investimento. E mesmo assim ainda é algo que causa perplexidade, não é? Não existe benefício financeiro ou vantagem seletiva em saber o que eu escrevi neste livro. Alguém ainda poderia argumentar que entender a natureza é, *grosso modo*, bom para a sobrevivência, que nerds são atraentes, ou ainda que humanos gastam dinheiro em modismos que não fazem o menor sentido. Mas eu não acho que isso dê conta do recado. A pesquisa básica não é só um modismo, é um empreendimento institucionalizado de sociedades avançadas. Nós não estudamos o universo porque esperamos algum dia viajar para outras galáxias. Mesmo se tivéssemos essa esperança e trabalhássemos para isso, ainda não explicaria por que nos importamos se o tempo é real ou o motivo de querermos saber por que as constantes da natureza são como são.

Para mim, a minha história pessoal é uma evidência de que não apenas eu, mas muitos de nós temos o desejo de entender o universo pela simples razão de entendê-lo. A nossa sede de conhecimento é onipresente em indivíduos e sociedades. Nós queremos entender, em parte porque entender é útil, mas também, penso eu, pela nossa necessidade primordial de dar sentido a nós mesmos e a nosso lugar no mundo.

Talvez, então, o universo esteja evoluindo em direção a um estado no qual ele entenda a si mesmo e somos partes dessa jornada. Essa jornada começou quando a seleção natural favoreceu espécies que faziam previsões corretas sobre seu ambiente, avançou para organismos que se tornaram melhores para entender a natureza e continua agora com a nossa (mais ou menos) organizada empreitada científica, tanto nacional quanto internacional, individual e institucionalmente.

A ciência tem todas as respostas?

Mas o que é esse entendimento pelo qual trabalhamos? Entender alguma coisa significa sermos capazes de ter um modelo funcional dessa coisa nas nossas cabeças, uma versão simplificada da realidade que podemos questionar e que explica algum aspecto do que observamos. Na física, os modelos são, com frequência, matematicamente densos e sem um treinamento longo – para o qual nem todo mundo tem tempo – é impossível apreender na totalidade suas propriedades. Mas uma vez tendo a matemática e pelo menos *alguém* que a entenda, muitas vezes é possível comunicar isso verbal e visualmente. Este livro é a minha pequena contribuição para que você mantenha parte do universo na sua mente, usando palavras e imagens em vez de equações. Ao passar adiante o conhecimento, como minha mãe, eu faço a minha parte para ajudar o universo a entender a si mesmo.

Então, sim, nós somos sacolas de átomos rastejando por um pálido ponto azul no braço espiral externo de uma galáxia incrivelmente ordinária. E ainda assim somos muito mais que isso.

Glossário

clássico
Uma **teoria clássica** é aquela que não tem **propriedades quânticas**.

condição inicial / estado inicial
É a informação completa sobre o estado de um sistema em um momento particular no tempo, ao qual aplicamos a **lei de evolução**. O estado do sistema na condição inicial é chamado de **estado inicial**.

constante cosmológica
A constante da natureza, representada por Λ (lambda maiúscula), que determina o quanto a expansão do universo é acelerada. É o tipo mais simples de **energia escura** e corresponde a aproximadamente 75% do balanço matéria-energia do universo.

determinismo, determinística
Uma teoria é determinística se, para uma dada condição inicial dada, permite deduzir o estado de um sistema para tempos posteriores (ao inicial). Caos **clássico** é determinístico, bem como o é a **relatividade geral**. O oposto é **não determinística**.

emergente
Um objeto, uma propriedade, ou uma lei é emergente se não puder ser encontrado ou definido a partir de seus constituintes e as propriedades destes. Se o objeto, propriedade ou lei pode ser derivado do comportamento e propriedades de seus constituintes, são chamados de fracamente emergentes. Caso contrário, são fortemente emergentes. Não existem exemplos conhecidos de emergência forte na natureza.

energia escura
A energia escura é um tipo hipotético de energia que acelera a expansão do universo. Sua forma mais simples é a **constante cosmológica**.

fundamental

Uma lei, uma propriedade ou um objeto são fundamentais se não podem ser derivados de outra coisa. Fundamental é oposto de **emergente**.

fundamentos da física

As áreas de pesquisa na física relacionadas às leis **fundamentais**. Essas áreas, hoje em dia, incluem física de partículas de altas energias, gravitação quântica, fundamentos da mecânica quântica e partes da cosmologia e astrofísica.

inflação cósmica

Uma fase hipotética da expansão acelerada do universo primordial, que teria sido criada por um campo chamado *inflaton*. Não existe evidência convincente para a inflação cósmica, nem para o inflaton.

lei de evolução

A lei de evolução é aplicada ao estado inicial de um sistema e nos permite calcular o estado do sistema em um tempo posterior. Se a lei de evolução apresenta **reversibilidade temporal**, então podemos também calcular o estado em qualquer momento anterior. Todas as leis de evolução conhecidas atualmente nos **fundamentos da física** são equações diferenciais.

local, localidade

Uma teoria é local se a transferência de informação nessa teoria obedece ao limite da velocidade da luz e se a informação, para ir de um ponto a outro, passa por todas as superfícies fechadas que separam esses pontos. Eu quero alertar o leitor de que os físicos usam diferentes definições de *local*; essa aqui é somente uma delas, que é, às vezes, chamada especificamente de localidade de Einstein. Se você já ouviu que a **mecânica quântica** é **não local**, a afirmação usava uma noção *diferente* de localidade. Na definição usada aqui a mecânica quântica *é* local, tal como o **modelo padrão da física de partículas** e o **modelo de concordância**.

matéria escura

A matéria escura é uma forma hipotética de matéria que corresponde a aproximadamente 80% da matéria no universo, ou cerca de 20% do balanço matéria-energia. A evidência observacional da matéria escura é robusta, mas não é claro o que a constitui (se é algo mesmo). Não deve ser confundida com **energia escura**.

mecânica quântica

É a teoria com a qual descrevemos o comportamento das partículas (o que inclui a luz, que é constituída por partículas chamadas fótons). A mecânica quântica é **local**, mas **não determinística** e não apresenta **reversibilidade temporal**.

Glossário

modelo de concordância
Descreve o universo em grandes escalas. Ele inclui todos os tipos de matéria na aproximação **clássica**, adicionando a **matéria escura** e a **energia escura**. Ele usa o arcabouço matemático da **relatividade geral**. O modelo de concordância é **determinístico e local**. O modelo de concordância também é conhecido como ΛCMD (onde Λ representa a **constante cosmológica** e CDM significa "**matéria escura fria**", na sigla em inglês).

modelo efetivo
Um modelo efetivo é uma descrição aproximada de um sistema em um nível desejado de resolução. Todos os modelos efetivos são **emergentes**. Eles não são, no entanto, meramente emergentes. Eles descartam informações consideradas irrelevantes para sua finalidade.

modelo padrão da física de partículas
O modelo padrão descreve as propriedades e o comportamento de todas as partículas e forças confirmadas experimentalmente, exceto a gravitação, que é descrita pela **relatividade geral**. É um tipo de **teoria quântica de campos** e, portanto, **local** e **não determinística**. O modelo padrão é atualmente uma teoria **fundamental**.

não determinística
É uma teoria na qual um estado posterior de um sistema não pode ser deduzido do estado inicial pela lei de evolução. É o oposto da determinística. Uma teoria não determinística também não apresenta **reversibilidade temporal**, mas o contrário não é necessariamente verdadeiro (uma teoria determinística pode não apresentar reversibilidade temporal).

não local
Uma teoria na qual lugares espacialmente separados podem trocar informação instantaneamente é chamada de **não local**. Nenhuma das teorias fundamentais conhecidas atualmente apresenta essa propriedade. É o oposto da **local**.

princípio antrópico
O princípio antrópico afirma que o universo precisa ser de tal modo a permitir a existência de seres humanos. O princípio antrópico fraco reconhece simplesmente que isso seria um condicionante que as leis da natureza devem satisfazer, caso contrário estariam em conflito com as evidências. O princípio antrópico forte postula, além disso, que a existência humana _explica_ por que as leis da natureza são como são.

reducionismo
É a prática de procurar explicações melhores, derivando uma teoria já conhecida a partir de outra mais simples. A teoria que pôde ser deduzida é então chamada de

redutível, enquanto a teoria da qual foi deduzida é considerada mais **fundamental**. Se a teoria fundamental descreve a natureza em escalas de tamanho menores do que a teoria redutível, diz-se frequentemente se tratar de *reducionismo ontológico*, enquanto em casos gerais fala-se de *reducionismo teórico*. Reducionismo teórico não acarreta necessariamente o reducionismo ontológico, embora tenham sempre caminhado juntos historicamente.

relatividade geral

É a teoria de gravitação de Albert Einstein, de acordo com a qual a gravitação é um efeito da curvatura do espaço-tempo. A relatividade geral é **clássica**, **local** e **determinística**. Atualmente é uma teoria **fundamental,** mas como é incompatível com a teoria quântica de campos, acredita-se amplamente que seria **emergente** de uma teoria mais fundamental ainda não encontrada.

reversão temporal, reversibilidade temporal

Uma **lei de evolução** é reversível temporalmente se ela mapeia um estado inicial a exatamente um único estado em outro instante qualquer. Nesse caso, podemos usar uma lei de evolução tanto para frente quanto para trás no tempo. A **relatividade geral** é reversível no tempo na ausência de singularidades. **Teorias quânticas de campos** apresentam **reversibilidade temporal**, exceto no processo de medição. Uma teoria com reversibilidade temporal é também **determinística**, mas uma teoria determinística não é necessariamente reversível no tempo.

teoria quântica de campos

É uma versão mais complicada da **mecânica quântica**, na qual partículas interagem por meio de outras partículas. Como na mecânica quântica, uma teoria quântica de campos é **local**, **não determinística** e sem **reversibilidade temporal**.

Notas

"Prefácio"

[1] Nicholas Kristof, "Professors, We Need You!", *New York Times*, 14 de fevereiro de 2014.

Capítulo "O passado ainda existe?"

[2] A aceleração é uma mudança de velocidade. Ambos, aceleração e velocidade, são vetores, o que significa que têm direção. Uma mudança de direção da velocidade é, portanto, também uma aceleração, mesmo que a magnitude da velocidade permaneça constante.

[3] Uma bela introdução à relatividade restrita é o livro de Chad Orzel, *How to Teach Relatitvity to Your Dog*, Nova York: Basic Books, 2012. Se você quiser ver um pouco mais de matemática, um bom ponto de partida é o livro de Leonard Susskind e Art Friedman: *Special Relativity and Classical Field Theory: The Theoretical Minimum*, New York: Basic Books, 2017.

[4] Eu ficava perplexa sobre o que torna os lasers tão especiais para aparecerem constantemente em livros sobre espaço-tempo. A resposta é: "na verdade nada". É somente pelo fato de que sabemos que a luz do laser se move à velocidade da luz (não diga!) e não se espalha (muito), o que os torna particularmente úteis para ilustrar a relação entre espaço e tempo.

[5] É preciso deixar claro que eu não estou tentando dizer o que significa a existência de algo, para começo de conversa. Essa é, seguramente, uma questão capciosa. O argumento é, mais propriamente, uma afirmação sobre o que, de acordo com a relatividade restrita, existe da mesma maneira. Você pode, por exemplo, evitar a conclusão argumentando que nada existe se não estiver no mesmo lugar em que você está, de modo que a luz não precisa viajar para que você a veja. Deixando isso de lado, a rigor a frase significa que as únicas coisas que existem estão no nosso cérebro e não é como a maioria de nós usamos a palavra *existir*.

[6] John Loyd no programa *The Infinity Money Cage: Parallel Universes*, Rádio 4 da BBC, 16 de julho de 2012.

[7] Ou pelo menos acreditava-se determinística. Existem alguns casos sutis nos quais a mecânica newtoniana torna-se não determinística, mas Laplace não sabia disso.

[8] Pierre-Simon Laplace, *Ensaio filosófico sobre as probabilidades*, Rio de Janeiro: Contraponto, 2010.

[9] Richard Feynman na palestra "Messenger Lectures at Cornell: The Character of Physical Law, Part 6: Probability and Uncertainty", proferida em 1964. Você pode achar no YouTube aqui: https://www.youtube.com/watch?v=Ja0HSFj8Imc. A frase está lá por volta do minuto 8.

[10] Sean Carrol, "Even Physicists Don't Understand Quantum Mechanics", *New York Times*, 7 de setembro de 2019.

A ciência tem todas as respostas?

[11] Adam Becker, *What Is Real? The Unfinished Quest for the Meaning of Quantum Physics*, Nova York, Basic Books, 2018; Philip Ball, *Beyond Weird: Why Everything You Thought You Knew about Quantum Physics Is Different*, Chicago, University of Chicago Press, 2018; e Jim Baggott, *Quantum Reality: The Quest for the Real Meaning of Quantum Mechanics – a Game of Theories*, Nova York, Oxford University Press, 2020.

[12] Eugene Wigner, "The Unreasonable Effectiveness of Mathematics in the Natural Sciences", *Communications on Pure and Applied Mathematics*, 13 (1960) 1-14.

Capítulo "Como começou o universo? Como ele vai acabar?"

[13] Como exemplo para o tipo de análise que tenho em mente, veja Debika Chowdhury, Jérôme Martin, Christophe Ringeval e Vincent Vennin, "Assessing the Scientific Status of Inflation after Planck", *Physical Review D*, 100(8) (24 de outubro de 2019): 083537, arXiv: 1902.03951 [astro-ph.CO].

[14] Não somente para um caso específico, mas para uma variedade desconcertante deles. A área de pesquisa é chamada de *morfometria* e a Wikipédia é um bom ponto de partida para saber mais sobre isso.

[15] Um dos inúmeros mistérios da terminologia científica é o fato de isso ser chamado de *recombinação* em vez de somente *combinação*, dado que possivelmente tenha sido a primeira vez que se combinaram. Meu palpite é que o termo foi emprestado da física atômica, na qual o plasma tem que ser sempre esquentado antes de ser resfriado e recombinado, O *re* provavelmente se ligou à combinação porque a energia de ligação era muito alta para separá-los.

[16] Esse comprimento é muito menor do que o das ondas nos fornos de micro-ondas, que estão tipicamente na faixa de 10 centímetros.

[17] Alguns físicos e comunicadores de ciência usam o termo *Big Bang* para se referir a tempos consideravelmente posteriores na expansão do universo. Nesse caso, o Big Bang não tem nada a ver com a singularidade inicial. Isso tem causado muita confusão e eu não usarei o termo nesse sentido aqui.

[18] Isso usualmente inclui as hipotéticas partículas que compõem a matéria escura.

[19] Ana Ijjas e Paul J. Steinhardt, "Implications of Planck 2015 for Inflationary, Ekpyrotc and Anamorphic Bouncing Cosmologies", *Classical and Quantum Gravity*, 33(2016): 044001, arXiv: 151209010 [astro-ph.CO]

[20] Lawrence Krauss, *Um universo que veio do nada*, Rio de Janeiro: Paz e Terra, 2016.

[21] Niayesh Afshordi, Daniel J. H. Chung e Ghazal Geshnizjani, "Cuscuton: A Causal Field Theory with an Infinite Speed of Sound", *Physical Review D* 75 (2007): 083513, arXiv:hep-th/0609150.

[22] Ghazal Geshnizjani, William H. Kinney e Azadeh Moradinezhad Dizgah, "General Conditions for Scale-Invariant Perturbations in an Expanding Universe", *Journal of Cosmology and Astroparticle Physics*, 11 (2011): 049.

[23] Thomaz Konopka, Fotini Markopoulou e Simone Severini, "Quantum Graphity: A Model of Emergent Locality", *Physical Review D* 77 (2008): 104029, arXiv:0801.0861 [hep-th].

[24] David Hume, *Tratado da natureza humana*, São Paulo: Editora da Unesp, 2009.

[25] Bertrand Russell, *Os problemas da Filosofia*, Lisboa: Edições 70, 2008.

[26] "Wikipédia: Chegar à filosofia", com ligação externa em inglês mais completo e com atualização mais recente: https://pt.wikipedia.org/wiki/Wikip%C3%A9dia:Chegar_%C3%A0_filosofia

[27] Uma distância de 10^{-35} metros é chamada de comprimento de Planck, uma escala na qual se espera que a gravidade quântica se torne relevante. Distâncias de 10^{-20} correspondem aproximadamente às que são observadas no que é o maior colisor de partículas do mundo atualmente, o Grande Colisor de Hádrons no CERN.

"Outros olhares 1"

[28] Liam Fox, "Bananas-for-Sex Cult Leader on the Run", abc.net.au, 15 de setembro de 2009.

[29] Meredith Bennett-Smith, "Lawrence Krauss, Physicist, Claims Teaching Creationism Is Child Abuse and 'Like the Taliban'", *Huffpost*, 14 de fevereiro de 2013.

[30] Stephen Hawking, *Uma breve história do tempo*, Rio de Janeiro: Intrínseca, 2015.

Capítulo "Por que ninguém nunca fica mais jovem?"

[31] Isso em teoria. Na prática, os ovos apodrecem muito antes disso, ou seja, por favor, não tente isso em casa.

Notas

[32] Supondo que a temperatura do ar esteja acima ou abaixo da temperatura corporal, porque senão você estaria morto se estivesse em equilíbrio com ele. Se, por um acaso, o ar está na temperatura corporal, tenho que aplaudir sua resistência.

[33] O fato de o universo necessitar de uma condição inicial de baixa entropia para reproduzir nossas observações foi discutido por físicos já nos primórdios da termodinâmica, mas o termo *hipótese do passado* foi cunhado muito tempo depois por David Albert no seu livro *Time and Chance*, Cambridge, MA: Harvard University Press, 2000.

[34] Roger Penrose, *Cycles of Time: an Extraordinary New View of the Universe*, Londres, Bodley Head, 2010. A tradução para o português, *Ciclos do tempo: uma visão nova e extraordinária do universo*, Lisboa: Gradiva, encontra-se indisponível.

[35] Sean Carroll, *From Eternity to Here: The Quest for the Ultimate Theory of Time*, New York: Penguin, 2010.

[36] Julian Barbour, *The Janus Point: A New Theory of Time*, London, Bodley Head, 2020.

[37] Você pode saber mais sobre a constante de Euler-Mascheroni no livro de Julian Havil, *Gamma: Exploring Euler's Constant*, New Jersey: Princeton University Press, 2003.

[38] David Bohm, *Wholeness and the Implicate Order*, Abington, UK: Routledge, 1980. Eu não acredito que seja assim, como coloquei aqui, que o próprio Bohm tenha entendido os termos *ordem implícita* e *ordem explícita*. No entanto, acredito que o modo como usei os termos, para distinguir diferenças facilmente perceptíveis daquelas que estão veladas, aproxima-se do que ele tinha em mente.

[39] Isaac Asimov, "The last question", *The best of Isaac Asimov*, Garden City, NY: Doubleday, 1974.

[40] Rudolf Carnap, "Intellectual Autobiography", em Paul Arthur Schilpp, ed., *The philosophy of Rudolf Carnap*, Chicago: Open Court, 1963.

[41] Fay Dowker, "Casual Sets and the Deep Structure of Spacetime", em Abhay Ashtekar, ed. *100 years of Relativity – Space-time Structure: Einstein and Beyond*, Singapura: World Scientific, 2005, arXiv: gr-qc/0508019.

[42] N. David Mermin, "Physics QBism Puts the Scientist Back into Science", *Nature* 507 (2014): 421-423.

[43] Lee Smolin, "The Unique University", *Physics World*, 2 de junho de 2009, physicsworld.com/a/the-unique-universe.

[44] Letra da música que eu compus alguns anos atrás: https://www.youtube.com/watch?v=I_0laAhvHKE.

[45] G. M. Wang et al, "Experimental Demonstration of Violations of the Second Law of Thermodynamics for Small Systems and Short Time Scales", *Physical Review Letters* 89(5) (agosto de 2002): 050601.

[46] Citado em Lisa Grossman, "Quantum Twist Could Kill Off the Multiverse", *New Scientist*, 14 de maio de 2014.

[47] Sean M. Carroll, "Why Boltzmann Brains Are Bad", em Shamik Dasgupta, Ravit Dotan e Brad Weslake, eds., *Current Controversies in Philosophy of Science*, London: Routledge, 2020, arXiv: 1702.00850 [hep-th].

[48] Thomas Kuhn usou esse mesmo exemplo no seu livro *A estrutura das revoluções científicas*, São Paulo: Perspectiva, 1977; para ilustrar a mudança de paradigma. Não é a isso que eu me refiro aqui.

Capítulo "Somos apenas sacolas cheias de átomos?"

[49] Por muito tempo, os astrofísicos pensavam que os elementos mais pesados seriam criados em explosões de supernovas, mas de acordo com dados mais recentes, uma hipótese melhor é que os elementos pesados são criados em fusões de estrelas de nêutrons. Veja, por exemplo: Darach Watson et al, "Identification of Strontinum in the Merger of Two Neutrons Stars", *Nature* 574 (outubro de 2019): 497-500.

[50] Fred Adams e Greg Laughlin, *The Five Ages of the Universe*, Nova York: Free Press, 1999.

[51] David Wisniewski, Robert Deutschländer e John-Dylan Haynes, "Free Will Beliefs Are Better Predicted By Dualism Than Determinism Beliefs across Different Cultures", *PLOS ONE*, 14, n. 9, 11 de setembro de 2019: e0221617.

[52] Caso você ache confuso, como eu, parafrasear números grandes, isto é cerca de 10^{27}.

[53] Philip W. Anderson, "More Is Different", *Science* 177, n. 4047 (4 de agosto de 1972): 393-396.

[54] Para uma introdução técnica, ver, por exemplo, C. P. Burgess, "Introduction to Effective Field Theory", *Annual Review of Nuclear and Particle Science* 57 (2007): 329-62, arXiv: hep-th/0701053.

A ciência tem todas as respostas?

[55] Para ser mais preciso, esse caso é chamado de emergência *fraca*. Filósofos fazem a distinção em relação à emergência *forte*, que se refere ao caso hipotético de um sistema macroscópico com propriedades que não são deriváveis de seus constituintes e do comportamento deles. Falaremos mais sobre emergência forte no capítulo "A física descartou o livre-arbítrio?".

[56] A busca desse nível mais profundo foi o tema do meu livro anterior, *Lost in Math. How Beauty Leads Physics Ashtray* [não traduzido para o português], que não cobrirei em detalhe aqui.

[57] Existem vários outros supostos contraexemplos que já me foram mencionados – por exemplo, condições globais como valores de fronteira, ou vínculos topológicos. Mas todos esses exemplos podem ser definidos em termos microscópicos. Novamente, se você quiser mostrar que o reducionismo falha, é necessário encontrar um exemplo que não possa ser derivado da microfísica. Eu discuti isso em mais detalhe no artigo: Sabine Hossenfelder, "The Case for Strong Emergence", em Anthony Aguirre, Brendan Foster e Zeeya Merali, eds., *What Is Fundamental?*, New York: Springer, 2019: 85-94.

[58] Kirsty L. Spalding et al, "Retrospective Birth Dating of Cells in Humans", *Cell* 122 n.1, agosto de 2005: 133-143.

[59] Heráclito na verdade não escreveu isso. Uma citação, em que palavra após palavra foi sendo substituída até que nenhuma das palavras originais permaneceu, ainda é a mesma citação? A resposta é deixada como exercício para o leitor.

[60] Zenon W. Pylyshyn, "Computation and Cognition: Issues in the Foundations of Cognitive Sciences", *Behavioral and Brain Sciences* 3 n.1, março de 1980: 111-69.

[61] Gerad 't Hooft, *The Cellular Automaton Interpretation of Quantum Mechanics*, New York: Springer, 2016.

"Outros olhares 2"

[62] David Deutsch, *The Fabric of Reality: The Science of Parallel Universes – and Its Implications*, New York: Viking, 1997; *The Beginning Of Infinity: Explanations That Transform the World*, New York: Penguin, 2011. Os dois livros foram traduzidos para o português. O primeiro é *A essência da realidade*, Rio de Janeiro: Makron Books, 2000. O segundo é *O início do infinito: explicações que transformam o mundo*, Lisboa: Gradiva, 2013.

[63] Para uma exposição mais detalhada da computabilidade de Turing, ver: David Deutsch, "Quantum theory, the Church-Turing principle and the universal quantum computer", The Royal Society. A40097-117, 1985.

[64] Jaegwon Kim, "Making Sense of Emergence", *Philosophical Studies* 95, n. 1-2, agosto de 1999: 3-36; e "Emergence: Core Ideas and Issues", *Synthese* 151, n. 3, agosto de 2006, 547-59.

[65] *Caos quântico* se baseia em uma definição não usual da palavra *caos* e não há contradição em relação ao que David disse.

Capítulo "Existem cópias de nós mesmos?"

[66] Anil Ananthaswamy, "Spin-Swapping Particles Could Be 'Quantum Cheshire Cats'", *Scientific American*, 6 de maio de 2019. George Musser, "Quantum Paradox Points to Shaky Foundations of Reality", *Science*, 17 de agosto de 2020.

[67] Isso significa apenas que se trata de uma equação linear, ao contrário de equações não lineares que temos para sistemas caóticos e, também, na relatividade geral.

[68] Philip Ball, *Beyond Weird: Why Everything You Thought You Knew about Quantum Physics Is Different*, Chicago: University of Chicago Press, 2018.

[69] Albert Einstein, carta a Max Born, de 3 março de 1947, em *Albert Einstein Max Born Briefwechel 1916-1955*, Munique: Nymphenburger Verlangshandlung, 1991.

[70] Isso é chamado de *teorema da não sinalização* ou *teorema da não comunicação* e pode ser encontrado na maioria dos livros didáticos e na Wikipédia. A história remonta a Giancarlo Ghirardi, Alberto Rimini e Tullio Weber, "A General Argument against Superluminal Transmission through the Quantum Mechanical Measurement Process", *Lettere al Nuovo Cimento*, 27 n. 10, 1980: 293-98.

[71] Sabine Hossenfelder e Tim Palmer, "How to Make Sense of Quantum Physics", *Nautilus*, 12 de março de 2020; e "Rethinking Superdeterminism", *Frontiers in Physics* 8, 6 de maio de 2020: 139, arXiv:1912.06462.

Notas

[72] Na verdade, seria etimologicamente mais adequado chamar o multiverso de *universo* e, quem sabe então, se referir ao que antes era chamado de universo como sendo um *subuniverso*. No entanto, a linguagem raramente segue as regras da lógica.

[73] Apps.apple.com/us/app/universe-splitter/id329233299.

[74] Existem algumas versões específicas de multiversos que teriam consequências observáveis. Por exemplo, nosso universo poderia colidir ou ficar emaranhado com algum outro. Infelizmente, na medida em que essas ideias são falseáveis, elas foram falseadas. Portanto, é irrelevante discuti-las aqui.

[75] Dave Levitan, "Carson rewrites laws of thermodynamics", *Philadelphia Inquirer*, 25 de setembro de 2015, https://www.inquirer.com/philly/news/politics/factcheck/SciCheck_Carson_rewrites_laws_of_thermodynamics.html.

[76] "Ben Carson in 2012 speech: The Big Bang Is a Fairytale", https://www.youtube.com/watch?v=DJo7R0OfC5M.

[77] Lawrence Krauss comentou sobre a fala de Carson e explicou seus erros. Lawrence Krauss, "Ben Carson's Scientific Ignorance", *New Yorker*, 28 de setembro de 2015.

[78] Nick Bostron, "Are You Living in a Computer Simulation?", *Philosophical Quarterly* 53, n. 211, abril de 2003: 243-55.

[79] Elon Musk em "Joe Rogan & Elon Musk – Are We in a Simulated Reality?", 7 de setembro de 2018, https://www.youtube.com/watch?v=0cM690CKArQ.

[80] Corey S. Powell, "Elon Musk Says We Live in a Simulation. Here's How We Might Tell If He's Right", NBC News, 2 de outubro de 2018.

[81] Zohar Ringel e Dmitri L. Kovrizhin, "Quantized Gravitational Responses, the Sign Problem, and Quantum Complexity", *Science Advances* 3, n. 9, setembro de 2017: e1701758.

[82] Silas R. Beane, Zohreh Davoudi e Martin J. Savage, "Constraints on the Universe as a Numerical Simulation", *European Physical Journal A* 50, n. 9, outubro de 2012: 148.

Capítulo "A Física descartou o livre-arbítrio?"

[83] Jorge Luis Borges, "O jardim de veredas que se bifurcam", em *Ficções*, São Paulo: Companhia das Letras, 2007.

[84] Ludwig Wittgenstein, *Tratado Lógico-Filosófico*, São Paulo: Edusp, 2017.

[85] Philpapers.org/surveys.

[86] Immanuel Kant, *A crítica da razão prática*, São Paulo: Lafonte, 2020; Wiliam James, "The Dilemma of Determinism", *Unitarian Review*, setembro de 1884, em *The Will to Believe*, New York: Dover, 1956; e Wallace I. Matson, "On the Irrelevance of Free-Will to Moral Responsibility, and the Vacuity of the Latter", *Mind* 65, n. 260, outubro de 1956: 489-97.

[87] John Martin Fischer et al, *Four Views on Free Will*, Hoboken, NJ: Wiley-Blackwell, 2007.

[88] Jennan Ismael, *How Physics Makes Us Free*, New York: Oxford University Press, 2016.

[89] Os físicos (eu me incluo) usualmente não discutem se o livre-arbítrio é compatível com o determinismo (que é a clássica divisão entre libertarismo/compatibilismo), mas se é compatível com as leis da natureza, levando em conta que a mecânica quântica (na interpretação padrão) contém um elemento fundamentalmente aleatório. Essa distinção não faz diferença porque não existe "arbítrio" na aleatoriedade quântica, mas às vezes isso leva a uma confusão. Por exemplo, um físico compatibilista poderia bem responder "não", quando perguntado se as ações humanas são determinadas pelo estado inicial do universo ou podem ser previstas a partir de uma informação perfeita. Mesmo assim, essa resposta, de acordo com algumas pesquisas, poderia colocá-lo do lado do libertarismo.

[90] Philip Ball, "Why Free Will is beyond Physics", *Physics World*, janeiro de 2021.

[91] Sean Carroll, "Free Will is as Real as a Baseball", *Discover*, 13 de julho de 2011.

[92] Ivar R. Hannikainen et al, "For Whom Does Determinism Undermine Moral Responsibility? Surveying the Conditions for Free Will across Cultures", *Frontiers in Psychology* 10 , 5 de novembro de 2019: 2428.

[93] John F. Donoghue, "When Effective Field Theories Fail", *Proceedings of Science, International Workshop on Effective Field Theories* 09, 001, 2 a 6 de fevereiro de 2009, arXiv:0909.0021 [hep-ph].

A ciência tem todas as respostas?

[94] Mile Gu et al, "More Reality Is Different", *Physica D: Nonlinear Phenomena* 238 n. 9-10, maio de 2009: 835-39, arXiv: 0809.0151 [cond-mat.other]; e Toby S. Cubitt, David Perez-Garcia e Michael M. Wolf, "Undecidability of the Spectral Gap", *Nature* 528 n. 7581, dezembro de 2015: 207-11.

[95] Eu delineei isso mais detalhadamente em Sabine Hossenfelder, "The Case for Strong Emergence", em Anthony Aguirre, Brendan Foster e Zeeya Merali, eds., *What Is Fundamental?*, New York: Springer, 2019: 85-94.

[96] Rachel Louise Snyder, "Punch after Punch, Rape after Rape, a Murderer Was Made", *New York Times*, 18 de dezembro de 2020.

[97] Azim Shariff e Kathleen D. Vohs, "What Happens to a Society That Does Not Believe in Free Will?", *Scientific American*, 1º de junho de 2014.

[98] Emile A. Caspar et al, "The Influence of (Dis)belief in Free Will on Immoral Behavior", *Frontiers in Psychology* 8, artigo 20, 17 de janeiro de 2017.

[99] Francis Crick, *The Astonishing Hypothesis: The Scientific Search for the Soul*, New York: Scribner, 1995.

"Outros olhares 3"

[100] Stuart Hameroff, "How Quantum Brain Biology Can Rescue Conscious Free Will", *Frontiers in Integrative Neuroscience* 6, outubro de 2012: 93.

[101] Stuart Hameroff e Roger Penrose, "Consciousness in the Universe: A Review of the 'Orch OR' Theory", *Physics of Life Reviews* 11 n. 1, março de 2014: 39-78.

[102] Max Tegmark, "Importance of Quantum Decoherence in Brain Processes", *Physical Review E* 61, n. 4, maio de 2000: 4194-4206, arXiv: quantum-ph/99907009.

[103] Stuart Hameroff e Roger Penrose, "Reply to Seven Commentaries on 'Consciousness in the Universe: Review on the "Orch OR" Theory'", *Physics of Life Reviews* 11, n. 1, dezembro de 2013: 94-100.

Capítulo "O universo foi feito para nós?"

[104] John Baez, "How Many Fundamental Constants Are There?", University of California-Riverside, College of Natural and Agricultural Sciences, Department of Mathematics, 22 de abril de 2011, https://math.ucr.edu/home/baez/constants.html.

[105] Os físicos de partículas usam o mesmo tipo de argumento quando pedem uma nova geração de aceleradores de partículas mais potentes. Nesse caso, eles afirmam que é necessária uma explicação de por que a massa do bóson de Higgs é o que é. Isso é chamado de *argumento de naturalidade*. Eu explico isso em detalhe no meu livro *Lost in Math. How Beauty Leads Physics Astray*, New York: Basic Books, 2018.

[106] Luke A. Barnes et al, "Galaxy Formation Efficiency and the Multiverse Explanation of the Cosmological Constant with EAGLE Simulations", *Monthly Notices of the Royal Astronomical Society* 477, n. 3, janeiro de 2018.

[107] O termo exato no artigo é *medida*. Uma medida geralmente fornece o peso para um espaço abstrato – por exemplo, o espaço de todas as combinações possíveis para as constantes. Para a finalidade da discussão aqui, isso significa o mesmo que distribuições de probabilidades.

[108] Alguns físicos já propuseram teorias nas quais as constantes da natureza são substituídas por parâmetros, que podem mudar com o tempo e o lugar. Isso, no entanto, é uma outra história completamente diferente, não tendo nada a ver com o argumento da sintonia fina.

[109] Geraint F. Lewis e Luke A. Barnes, *A Fortunate Universe: Life in a Finely Tuned Cosmos*, Cambridge, UK: Cambridge University Press, 2016.

[110] A expressão *qualquer coisa*, estritamente falando, não é correta, porque a distribuição de probabilidade em um intervalo infinito de valores não pode ser normalizada a um. Estritamente falando, deveria ser "poderia assumir valores distribuídos em várias ordens de grandeza". Isso no fundo não importa muito. A questão é que o prévio, seja lá o que for, não pode ser justificado.

[111] Dan Kopf, "The Most Important Formula in Data Science Was First Used to Prove the Existence of God", *Quartz*, 30 de junho de 2018.

[112] Entrar em detalhes aqui nos desviaria um pouco do assunto, mas todas essas possíveis interações podem ser representadas de forma diagramática, através de gráficos, chamados de *diagramas de Feynman*. Isso

Notas

é muito bem explicado por Gavin Hesketh, *The Particle Zoo: The Search for the Fundamental Nature of Reality*, London: Quercus, 2016.

[113] Podemos questionar o número 26, pois ele não inclui algumas constantes que poderiam estar lá, mas que foram zeradas porque nunca observamos algo que contradissesse este valor nulo. A massa da partícula elementar chamada *glúon*, por exemplo, é usualmente zerada porque não temos evidências experimentais que sugiram algo diferente. Mesmo assim, alguém poderia acrescentar também essa massa como um parâmetro livre ajustável. Falando então estritamente, existiriam assim infinitas constantes possíveis que simplesmente zeramos na teoria. Outra maneira de dizer isso é que é difícil distinguir as constantes das equações onde elas aparecem. Infelizmente, isso é um tanto irrelevante para a questão se e como nossas teorias vigentes podem ser ainda mais simplificadas.

[114] Algumas referências para constantes da natureza que não têm nada a ver com as nossas, mas, mesmo assim, dariam origem a químicas complexas: Roni Harnik, Graham D. Kribs e Gilad Perez, "A Universe without Weak Interactions", *Physical Review D* 74, 17 de agosto de 2006: 035006, arXiv:hep-ph/0604027; Fred C. Adams e Evan Grohs, "Stellar Helium Burning in Other Universes: A Solution to the Triple Alpha Fine-Tuning Problem", *Astroparticle Physics* 87, agosto de 2016, arXiv:1608.04690 [astro-ph. CO]; Abraham Loeb, "The Habitable Epoch of the Early Universe", *International Journal of Astrobiology* 13 n. 4, dezembro de 2013: 337-339, arXiv:1312.0613 [astro-ph.CO]; e Don N. Page, "Preliminary Inconclusive Hint of Evidence against Optimal Fine Tuning of the Cosmological Constant for Maximizing the Fraction of Baryons Becoming Life", janeiro de 2011, arXiv:1101.2444 [hep-th].

[115] Lee Smolin, *The Life of the Cosmos*, New York: Oxford University Press, 1998.

[116] O universo matemático de Tegmark não muda em nada o problema, pois, para explicar o que observamos, ainda seria necessário especificar onde estamos no universo matemático, que é equivalente a ter que escolher a matemática que descreva nosso universo.

Capítulo "O universo pensa?"

[117] Tod R. Lauer et al, "New Horizons Observations of the Cosmic Optical Background", *Astrophysical Journal* 906 n. 2, janeiro de 2021: 77, arXiv: 2011.03052 [astro-ph. GA].

[118] Franco Vazza e Alberto Felletti, "The Quantitative Comparison between the Neuronal Network and the Cosmic Web", *Frontiers in Physics* 8, 2020, 525731.

[119] Não era Lisa Randall. [N.T.: Astrofísica norte-americana que conjecturou, em um livro de não ficção, que a extinção dos dinossauros teria sido causada indiretamente pela matéria escura.]

[120] Albert Einstein, carta a Max Born em 3 de março de 1947, em *Albert Einstein Max Born Briefwechsel 1916-1955*, Munique: Nymphenburger Verlagshandlung, 1991.

[121] Esse tópico foi explorado em profundidade em George Musser, *Spooky Action at a Distance*, New York: Scientific American/Farrar, Strauss and Giroux, 2015.

[122] Friedrich W. Hehl e Bahram Mashhoon, "Nonlocal Gravity Stimulates Dark Matter", *Physics Letters B* 673 n. 4-5, janeiro de 2009: 279-282, arXiv:0812.1059 [gr-qc].

[123] Fotini Markopoulou, e Lee Smolin, "Disordered Locality in Loop Quantum Gravity States", *Classical and Quantum Gravity* 24, n. 15, março de 2007: 3813-24, arXiv:gr-qc:0702044 [gr-qc].

[124] John Horgan, "Polymath Stephen Wolfram Defends His Computational Theory of Everything", *Scientific American, Cross-Check* blog, 5 de março de 2017.

[125] São distâncias de aproximadamente 10^{-35} m.

[126] Eles são chamados de *modelos technicolor*.

[127] John Archibald Wheeler, *Relativity, Groups and Topology: Lectures Delivered at Les Houches During the 1963 Session of the Summer School of Theoretical Physics*, eds. Bryce DeWitt e Cécile DeWitt-Morette, Nova York, Gordon and Breach, 1964: 408-31.

[128] Deepack Chopra, "The Mystery That Makes Life Possible", DeepackChopra.com, 24 de outubro de 2020; Philip Goff, "Panpsychism Is Crazy, but It's Also Most Probably True", *Aeon*, 1º de março de 2017; e Christof Koch, "Is Consciousness Universal?", *Scientific American Mind*, 1º de janeiro de 2014.

[129] A *multiplicidade*.

[130] O teorema do livre-arbítrio (John Conway e Simon Kochen, "The Free Will Theorem", *Foundations of Physics* 36, n. 10, janeiro de 2006: 1441-1473, arXiv: quant-ph/0604079) não desempenha nenhum

A ciência tem todas as respostas?

papel nesse argumento. De fato, o teorema do livre-arbítrio não tem nada a ver com o livre-arbítrio. Ele trata simplesmente de uma suposição em outro teorema, que às vezes é, erroneamente, mencionado como a *suposição do livre-arbítrio*. Mesmo se não fosse assim, tudo o que o teorema diz é que (dadas certas suposições) se os humanos têm livre-arbítrio, assim também o teriam as partículas elementares. Se o teorema fosse realmente sobre o livre-arbítrio, a conclusão óbvia, a partir dele, seria a de que humanos não têm livre-arbítrio.

[131] Giulio Tononi, "An Information Integration Theory of Consciousness", BioMed Central, *BMC Neuroscience* 5, n. 1, novembro de 2004: 42.

[132] Carl Zimmer, "Sizing Up Consciousness by Its Bits", *New York Times*, 20 de setembro de 2010.

[133] Citado em Michael Brooks, "Here. There. Everywhere?", *New Scientist* 246, n. 3280. 2 de maio de 2020: 40-44. Na época em que escrevi este livro (maio de 2021), o trabalho ao qual Bor se referia ainda não havia sido publicado.

[134] Scott Aaronson, "Why I Am Not an Integrated Information Theorist (or, the Unconscious Expander)", *Shtetl-Optimzed* blog, 21 de maio de 2014, https://scottaaronson.blog/?p=1799.

[135] Jose L. Perez Velazquez, Diego M. Mateos e Ramon Guevarra Erra, "On a Simple General Principle of Brain Organization", *Frontiers in Neuroscience* 13, 5 de outubro de 2019: 1106; e Sophia Magnúsdóttir, "I Think, Therefore I Think You Think I Am", em Anthony Aguirre, Brendan Foster e Zeeya Merali, eds., *Wandering Towards a Goal: The Frontiers Collection*, New York: Springer 2018.

[136] Frank Jackson, "Epiphenomenal Qualia", *Philosophical Quarterly* 32, n. 127, abril de 1982: 127-136.

[137] Frank Jackson, "Postscript on Qualia", *Mind, Method, and Conditionals: Selected Essays*, London: Routledge, 1998: 76-79.

"Outros olhares 4"

[138] Zeeya Merali, *A Big Bang in a Little Room: The Quest to Create New Universes*, New York: Basic Books, 2017. Zeeya passou tanto tempo falando sobre esse assunto com outras pessoas, que depois acabou escrevendo também um artigo: Stefano Ansoldi, Zeeya Merali e Eduardo I. Guendelman, "From Black Holes to Baby Universes: Exploring the Possibility of Creating a Cosmos in the Laboratory", *Bulgarian Journal of Physics* 45, n. 2, janeiro de 2018: 203-220. ArXiv: 1801.04539 [gr-qc].

[139] Infelizmente, na era atual esse efeito é tão pequeno que não tem utilidade prática.

Capítulo "Os humanos são previsíveis?"

[140] Chaoming Song et al, "Limits of Predictability in Human Mobility", *Science* 327, n. 5968, fevereiro de 2010: 1018-1021.

[141] E na sequência vão se desculpar e falar sobre o clima.

[142] Michael Scriven, "An Essential Unpredictability in Human Behaviour", em Benjamin B. Wolman e Ernest Nagel, eds., *Scientific Psychology: Principles and Approaches*, Nova York: Basic Books, 1965: 411-425.

[143] Hao Wang, "Proving Theorems by Pattern Recognition-II", *Bell System Technical Journal* 40, n. 1, janeiro de 1961: 1-41.

[144] Roger Berger, "The Undecidability of the Domino Problem", *Memoirs of the American Mathematical Society* 66 (Providence, RI: American Mathematical Society, 1966).

[145] Alan Turing, "On Computable Numbers, with an Application to the Entscheidungsproblem", *Proceedings of the London Mathematical Society*, série 2, n. 47 (1937): 230-265.

[146] Embora haja uma infinidade de afirmações diferentes que podem realizar essa função.

[147] Lawrence C. Paulson, "A Mechanised Proof of Gödel's Incompleteness Theorems Using Nominal Isabelle", *Journal of Automated Reasoning* 55, n. 1, junho de 2015: 1-37.

[148] Na notação do verbete sobre o "Teorema da Incompletude de Gödel" na *Stanford Encyclopedia of Philosophy*, https://plato.stanford.edu/entries/goedel-incompleteness/.

[149] Tim N. Palmer, Andreas Döring e Gregory Seregin, "The Real Butterfly Effect", *Nonlinearity* 27, n. 9, agosto de 2014; R123.

[150] John M. Ball, "Finite Time Blow-up in Nonlinear Problems", em *Nonlinear Evolution Equations: Proceedings of a Symposium Conducted by the Mathematics Research Center, the University of Wisconsin-Madison, October 17-19, 1977*, Michael G. Crandall, ed. (Cambridge, MA: Academic Press, 1978): 189-205.

Notas

[151] A teoria quântica é linear na função de onda. Caos requer uma teoria não linear. A Lagrangiana é normalmente não linear para operadores de campo, mas estes precisam ser calculados para uma função de onda específica. A área de pesquisa em caos quântico usa uma definição de *caos* que difere daquela usada em outras áreas.

[152] Clay Mathematics Institute, "Millenium Problems", https://www.claymath.org/millennium-problems.

[153] Mencionado em Samuel Gibbs, "Elon Musk: Artificial Intelligence Is Our Biggest Existential Threat", *Guardian*, 27 de outubro de 2014.

[154] Mencionado em Arjun Kharpal, "Stephen Hawking Says A.I. Could Be 'Worst Event in the History of Our Civilization'", CNBC, 6 de novembro de 2017.

[155] Mencionado por Peter Holley, "Apple Co-founder on Artificial Intelligence: 'The Future Is Scary and Very Bad for People'", *Washington Post*, 24 de março de 2015.

[156] Mencionado por Peter Holley, "Bill Gates on Dangers of Artificial Intelligence: 'I Don't Understand Why Some People Are Not Concerned'", *Washington Post*, 29 de janeiro de 2015.

[157] Stuart Russell, Daniel Dewey e Max Tegmark, "Research Priorities for Robust and Beneficial Artificial Intelligence", *AI Magazine*, inverno de 2015: 105-114, Association for the Advancement of Artificial Intelligence at Future of Life Institute, https://futureoflife.org/data/documents/research_priorities.pdf?x40372.

[158] Carlos E. Perez, "Embodied Learning is Essential to Artificial Intelligence", Intuition Machine, Medium.com, 12 de dezembro de 2017.

[159] Julian Kates-Harbeck, Alexei Svyatkovskiy e William Tang, "Predicting Disruptive Instabilities in Controlled Fusion Plasmas Through Deep Learning", *Nature*, 568 n. 7753, abril de 2019: 526-531.

[160] K. Vela Velupillai, "Towards an Algorithmic Revolution in Economic Theory", *Journal of Economic Surveys* 25, n. 3, julho de 2011: 401-430.

[161] Tim N. Palmer, "Human Creativity and Consciousness: Unintended Consequences of the Brain's Extraordinary Energy Efficiency?", *Entropy* 22, n. 3, fevereiro de 2020: 281, arXiv:2002.03738 [q-bio.NC].

Epílogo

[162] Stephen J. Gould, "Nonoverlapping Magisteries", *Natural History* 106, março de 1997: 16-22, 60-62.

Agradecimentos

Eu quero agradecer, inicialmente, a David Deutsch, Zeeya Merali, Tim Palmer e Roger Penrose, cujas entrevistas animaram este livro. Vocês foram fantásticos. Eu quero agradecer também ao meu agente, Max Brockman, e às maravilhosas pessoas da Brockman Inc., que me apoiaram todos esses anos, e ao meu editor, Paul Slovak e a sua equipe da editora Penguin Ramdom House, que fizeram um excelente trabalho para que este livro chegasse até suas mãos.

Muito obrigada também a Timothy Gowers e Massimo Pigliucci, que me ajudaram em partes deste livro. Agradeço também a John Horgan, Tim Palmer, Stefan Scherer e Renate Weineck por lerem as versões iniciais do manuscrito.

Para este livro eu usei a experiência de mais de dez anos respondendo a dúvidas de leitores do meu blog ou de espectadores do meu canal no YouTube. Eles me ensinaram a deixar de lado os termos técnicos e me ajudaram a entender onde os não especialistas têm problemas para acompanhar os raciocínios dos físicos. Eu estou imensamente em dívida com seus retornos. Sobretudo, o meu público serviu como uma lembrança constante de que o conhecimento importa, independentemente de ter aplicações tecnológicas. Se você é um deles, agradeço de coração.

A ciência tem todas as respostas? é dedicado ao meu marido, Stefan, que sofreu mais do que sua cota justa no relacionamento à distância. Nos mais de 20 anos em que nos conhecemos, ele tem suportado pacientemente dezenas de reviravoltas e mudanças nas minhas ocupações, andanças, e mesmo assim conseguimos de alguma forma, miraculosamente, nos casar, permanecer casados e criar duas crianças razoavelmente normais. Por todo esse tempo, ele tem sido incondicional no seu encorajamento e apoio. Por tudo isso, e muito mais, obrigada.

A autora

Sabine Hossenfelder é pesquisadora do Instituto de Estudos Avançados de Frankfurt, na Alemanha, e autora de mais de oitenta artigos de pesquisa sobre temas fundamentais da Física. Ela atua como divulgadora científica e é a criadora do canal do YouTube "Science without the Gobbledygook". Seus textos foram publicados no *New Scientist, Scientific American, The New York Times* e *The Guardian*. Seu primeiro livro, *Lost in Math: How Beauty Leads Physics Astray*, foi publicado em 2018.

O tradutor

Peter Schulz foi professor do Instituto de Física da Unicamp durante 20 anos. Atualmente é professor titular da Faculdade de Ciências Aplicadas da mesma universidade. Depois da física, passou a se dedicar a estudos quantitativos de ciência, aspectos da interdisciplinaridade e prática de divulgação científica, publicando artigos sobre esses temas, principalmente no *Jornal da Unicamp*.

GRÁFICA PAYM
Tel. [11] 4392-3344
paym@graficapaym.com.br